JN252939

設計技術シリーズ

Dielectric Ceramics

誘電体
セラミックス
原理と設計法

【著】前 富山県立大学　安達 正利

科学情報出版株式会社

はじめに

電子・情報・機械・化学・医療等への先端技術は日進月歩である。その中でも半導体を中心としたエレクトロニクス産業の発展は目覚ましく、特に半導体Siはトランジスタから始まりIC、LSIを経て、現在、超LSIの世界に移行している。それに伴い電子機器は、高性能化、小型軽量化、高密度化、高周波化、多機能化、高速デジタル化の時代を迎えている。これを支えるのは、半導体チップの高集積化であるが、抵抗、インダクタ、キャパシタ等の受動回路部品の実装技術の進展の寄与も大きい。このような電子機器には、パーソナルコンピュータ（PC）、モバイル、携帯電話等の高度の情報通信技術を利用した製品が開発され、我々の日々の生活が便利に、豊かさに溢れるようになってきている。本書で取り扱う誘電体セラミックスの最も多い用途はコンデンサである。これは半導体の進歩とともにエレクトロニクス産業においてあらゆる電子機器に誘電体セラミックスコンデンサが多数使用され、それが重要な役割を果たしている。携帯電話をはじめとする電子機器の小型化は電子部品の小型化、高集積化に負うところが多く、現在1005/0603サイズの積層セラミックスが主流に携帯電話などで使われている。今後は0402サイズへとより小型化の方向にシフトする。

本書は誘電体材料の基本となる種々の性質とその応用についてなるべく平易に記述して読者の理解に役立てていただくことを目的にしている。すなわち、新しい研究の知見をも含めた誘電体セラミックスの材料あるいはそれらの性質、誘電現象と原理、容量測定法、作製プロセスと材料設計、および高周波誘電体セラミックス材料等を中心に本書は示した。本書を通じて「誘電体セラミックス」への興味が増し、理解が深まれば幸いである。

最後に、出版にあたり多大のご協力を賜った科学情報出版㈱に厚く御礼を申し上げます。

2015年7月

安達　正利

目　次

第1章　コンデンサの概要

第2章　誘電現象とその原理

第3章　コンデンサの容量測定方法

第4章　セラミックスの作製プロセスと材料設計

第5章　誘電体材料

第6章　マイクロ波誘電体セラミックス材料

参考文献

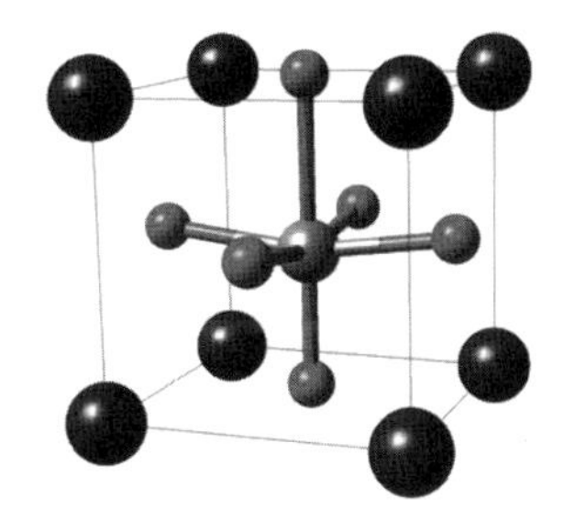

第1章 コンデンサの概要

1.1　コンデンサとは

コンデンサ（蓄電器、capacitor）は、静電容量（キャパシタンス）により電荷（電気エネルギ）を蓄えたり、放出したりする受動回路素子である。二つの異なる物質をこすり合わせたとき、その両物質の組み合わせにより、電子を捕捉しやすい物質に電子が移り、負に帯電する。それに伴い相手の物質は正に帯電する。これを摩擦電気という。これらの電荷は、異なった符号の場合は引き合い（引力）、同じ符号を持つ場合は反発（斥力）するという性質がある。帯電した物質を他の物質に近づけると、その物質に異種の誘導電荷が発生し、両者は静電力で引き寄せられる。これらの摩擦電気によって発生できる電荷量はわずかであり、また、電荷間の引力や斥力を動力として利用するほどの大量の電荷を発生させることがなかなかできなかった。意図的に電荷を蓄えられるようにした装置をコンデンサと呼び、1745 年歴史上最初に作られたのがライデン瓶である。ドイツのクライスト（Edwald Georg von Kleist）とオランダのライデン大学の物理学者ミュッセンブルーク（Peter Van Muschenbroek）が 1745～46 年に独立にそれを発明した。ガラス瓶の外面に金属箔をはり、内部に導電性の液体をいれ、この両者をコンデンサの両極とする。この発明により電荷を蓄えることができるようになり、静電気の研究に大きな進歩がもたらされた。後にライデン瓶は図 1.1 のように金属箔で瓶の

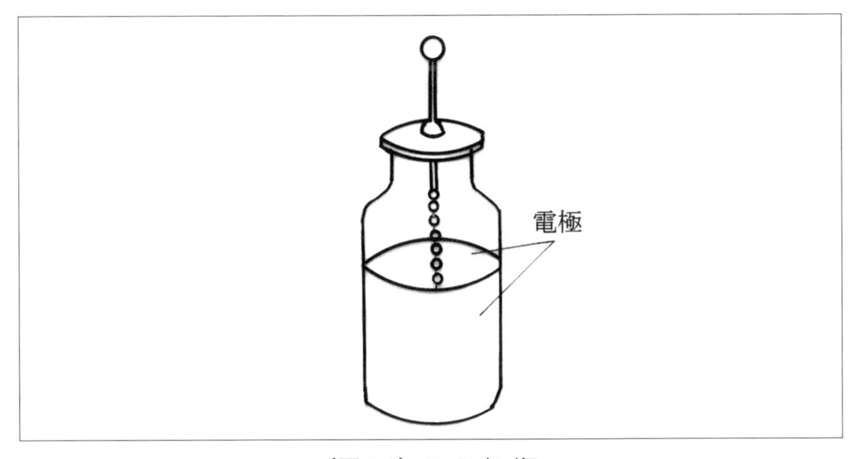

〔図 1.1〕ライデン瓶

外側と内側を覆い、二つの箔が放電しないよう瓶の口から二つの箔の縁までの距離をあけて作られるようになった。さらにボルタの電池が発明され、大量の電流を連続的に流せるようになり、それが電磁誘導現象の発見へと導き、大量の発電機・モータなどの動力源を人類が手にすることができるようになった。そして電磁波の発見が、今日の無線通信の基礎になっていることもわかる。

１．２　静電容量

真空中のある閉曲面 S 内の電荷を Q_i とすると、S 上の微小面積 ΔS を貫く電界 $\boldsymbol{E}$ を S 全体にわたり積分したときの電気力線の総数は、S で囲まれた領域内の総電荷量を真空中の誘電率 ε_0（=8.854×10−12F/m）で割った値に等しいとする次式の真空中のガウスの定理がある。

$$\int_s \boldsymbol{E}\cdot\boldsymbol{n}ds = \frac{1}{\varepsilon_0}\sum_i Q_i \quad (\mathrm{V/m}) \quad \cdots\cdots\cdots\cdots\cdots\cdots \quad (1.1)$$

この定理は、図 1.2 (a)、(b) に示すように、電界内に任意の閉曲面上 S の微小面積 ΔS を考え、この点における外向き法線ベクトルを $\boldsymbol{n}$ とし、電界 $\boldsymbol{E}$ と $\boldsymbol{n}$ とのなす角を θ とする。図 1.2 (b) の $\Delta S'$ は、$\boldsymbol{E}$ に直角な面への ΔS の投影であって、ΔS と $\Delta S'$ は $\Delta S' = \Delta S\cos\theta$ の関係にある。

ここで、$\Delta S'$ を通る電気力線を N 本とすれば、

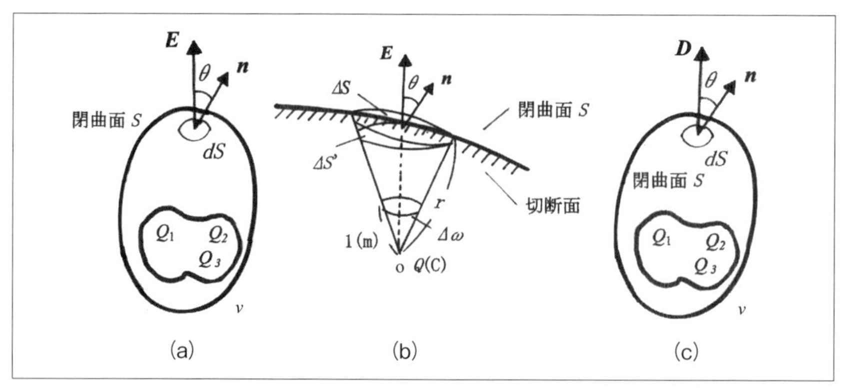

〔図 1.2〕ガウスの定理のための説明図ー (a)、(b) は真空中、(c) は誘電体の場合

$$N=E\Delta S'=E\Delta S\cos\theta=\boldsymbol{E}\cdot\boldsymbol{n}\Delta S \quad \cdots\cdots\cdots\cdots\cdots\cdots \quad (1.2)$$

したがって、閉曲面全体を通り抜ける電気力線の総数は、これを面積 S について積分して、

$$\phi=\int_s \boldsymbol{E}\cdot\boldsymbol{n}ds \quad \cdots\cdots\cdots\cdots\cdots\cdots\cdots\cdots \quad (1.3)$$

他方、上式の電界 $\boldsymbol{E}$ は、点 O にある点電荷 Q から r だけ離れた点におけるものであるから、

$$\boldsymbol{E}\cdot\boldsymbol{n}\Delta S=E\Delta S\cos\theta=E\Delta S'=\frac{Q\Delta S'}{4\pi\varepsilon_0 r^2}=\frac{Q}{4\pi\varepsilon_0}\Delta\omega \quad (\mathrm{V/m}) \quad (1.4)$$

ここで、$\Delta\omega$ は点 O から ΔS を見た立体角で S'/r^2 に等しい。
よって、

$$\phi=\frac{Q}{4\pi\varepsilon_0}\int_s d\omega \quad \cdots\cdots\cdots\cdots\cdots\cdots\cdots \quad (1.5)$$

ここで、点 O から閉曲面 S 全体を全立体角は点 O が閉曲面内にある場合は 4π、閉曲面外にある場合には 0 の二通りに分かれる。
したがって、

$$\int_s \boldsymbol{E}\cdot\boldsymbol{n}ds=\begin{cases} Q/\varepsilon_0 & Q\text{が}S\text{の内部にあるとき} \\ 0 & Q\text{が}S\text{の外部にあるとき} \end{cases} \quad \cdots\cdots\cdots \quad (1.6)$$

次に、$\boldsymbol{E}$ が閉曲面内にある多くの電荷 Q_1、Q_2、・・・によって生じている場合、その電荷によって発生している電界を $\boldsymbol{E}_1$、$\boldsymbol{E}_2$、・・・とすれば、

$$\begin{aligned}\int_s \boldsymbol{E}\cdot\boldsymbol{n}ds&=\int_s(\boldsymbol{E}_1+\boldsymbol{E}_2+\cdot\ \cdot\ \cdot)\cdot\boldsymbol{n}ds\\&=\int_s \boldsymbol{E}_1\cdot\boldsymbol{n}ds+\int_s \boldsymbol{E}_2\cdot\boldsymbol{n}ds+\cdot\ \cdot\ \cdot\end{aligned} \quad \cdots\cdots\cdots \quad (1.7)$$

これらの積分は、閉曲面内 S にある電荷に関係するもののみが残り、S の外部にあるものは 0 となるから、

$$\int_s \boldsymbol{E}\cdot\boldsymbol{n}ds=\frac{1}{\varepsilon_0}\Sigma Q_i=\frac{1}{\varepsilon_0}\int_v \rho_0 dv \quad (\mathrm{V/m}) \quad \cdots\cdots\cdots\cdots \quad (1.8)$$

となる。これが、式 (1.1) の真空における電界に関するガウスの定理である。ただし、ρ_0 は体積電荷密度である。

誘電体中では、図 1.2 (c) に示すように、任意の閉曲面を考え、その体積を v、全表面積を S とする。電界 $\boldsymbol{E}$ 内の任意の閉曲面 S を貫いて外方向に向かう電束の総和は、真空中の場合と同様に、S 内に含まれる全電荷量 $\sum_{i=n}^{n} = Q_i$ (c) に等しい。すなわち、

$$\int_s \boldsymbol{D} \cdot \boldsymbol{n} ds = \sum_i Q_i = \int_v \rho dv \quad \text{(c)} \quad \cdots\cdots\cdots\cdots \quad (1.9)$$

ただし、ρ (c/m^3) は体積電荷密度であり、電束密度 D の源泉を形成するものである。

いま、間隔 d に比べて半径 r が十分に大きい平行平板コンデンサが自由空間に存在し、一方の電極に総電荷 $+\sigma_0 S$ が、他方に $-\sigma_0 S$ が分布しているとする。ただし、σ_0 (c/m^2) は面電荷密度である。電極端部のはみ出し部分および電極背面にある電界の積分値は、電界の全積分値に対して無視できるほどに小さいとすると､両電極間には電極に垂直な電界 $\boldsymbol{E}$ が発生している。総電荷 $+\sigma_0 S$ (または $-\sigma_0 S$) が存在する電極を囲む閉曲面で式 (1.8) は、

$$\int_s EdS = ES = \frac{1}{\varepsilon_0} \int_v \ \sigma_0 dv = \sigma_0 S/\varepsilon_0 = Q/\varepsilon_0 \quad \cdots\cdots \quad (1.10)$$

と書ける。静電容量の定義式、および $E=V/d$ の関係から、

$$C = Q/V = \varepsilon_0 S/d \quad \text{(F)} \quad \cdots\cdots\cdots\cdots \quad (1.11)$$

となり、コンデンサの容量 C は、電極面積に比例し、電極間距離に反比例することがわかる。誘電体中における電界や電位などの諸関係式は真空中で成立する。これらの諸式において、単に $\varepsilon_0 \to \varepsilon_0 \varepsilon_r (= \varepsilon)$ の交換を施せばよい。

国際単位系 (SI) では容量はファラド (F) を単位とするが、ファラドは電気二重層コンデンサなどを電源として利用する場合を除き通常は大きすぎるので、マイクロファラド (μF)、またはピコファラド (pF) が用いられる場合が多い。ナノファラド (nF) を用いる場合も稀にある。

コンデンサの両端の端子に印加できる電圧（耐圧）は、2.5V～10kV 程度までと製品によって色々である。

1.3　コンデンサの用途

アナログ電子回路でのコンデンサの用途は、それが絶縁体であり直流の電流を通さないことからカップリングコンデンサとして利用されたり、デカップリング用のコンデンサなどに利用される。その他、平滑回路や、共振回路、フィルタなどにも利用されている。実際の電子回路では、同じく受動回路素子の一つである抵抗器やコイルとともに用いられる。要求される周波数帯域、容量や精度、温度に対する容量変化、耐圧など回路の目的、用途、環境、コスト、大きさに合わせて各種の形状、材質のコンデンサが幅広く用いられている。低コスト化、小型化の要求の強い携帯電話などの民生用小型機器では、チップ積層セラミックコンデンサが幅広く使われている。一方、デジタル電子回路での用途は、バイパスコンデンサ（パスコン）として用いられるのが圧倒的に多い。他に水晶発振器やタイミング回路にも使われる。主に周波数特性が良好なチップセラミックコンデンサが使われる。電源回路の用途では、アルミ電解コンデンサを中心として、セラミックコンデンサやタンタルコンデンサが用いられている。近年、電気二重層コンデンサをはじめとした1F 以上の大容量のものが開発され、蓄電装置として利用されることも多くなりつつある。たとえばノートパソコンの電源、ハイブリッドカーや電気自動車の始動用電源などがある。最近では電気自動車の走行用電源そのものとしても使用可能となってきている。

1.4　形状による分類

セラミックコンデンサを形状で分類すると、機能面から固定容量型と可変容量型に分けられる。固定容量型セラミックコンデンサは、単板型（円筒型、貫通型）、積層型、半導体型セラミックスコンデンサなどに分けられる。そしてリード型とチップ型が各々ある。単板セラッミクスコンデンサは、単板リード型は一対の円板または角板型の対向電極からなるもので、12V から数十 kV の高電圧用までの幅広い製品がある。円筒型は、円板型の代わりに円筒型コンデンサのその内部および外部に電極を形成したものである。これには、両端の電極部を除いて簡易外装したものと、電極に金属キャップを設けて、その他の部分には外装をほどこしたメルフ型と呼ばれる二種類のものがある。前者は、電極として銀を用いているので高周波での Q が高い。後者は 0.5pF から 22000pF までである。図 1.3 に示すように円板および円筒貫通型は、円板中央に貫通穴をあけ、上下面の一方側の電極と接合した取り付け金具を、シールドボックスにねじ止めまたははんだ付けし、他方の電極と貫通穴を通したリード線を接合した構造となっている。高周波帯まですぐれた容量性インピーダンス特性を有し、外部の高周波ノイズをほぼ完全に遮断して電源からの電力を信号回路に供給できる。円筒貫通型コンデンサは、その中央の心電極にリード線を貫通させた構造で、円板貫通型のコンデンサと同じ機能を持つ。円筒アキシャルリード型および積層ラジアルリード型や、板状電極を多数積層した積層チップ型セラミックスコンデンサなどがある。

チップおよびリード付きの型可変容量コンデンサは、面実装型であり、静電容量は数 pF から数十 pF で、周波数同調回路やインピーダンスマッチング回路の微調整などに用いられる。

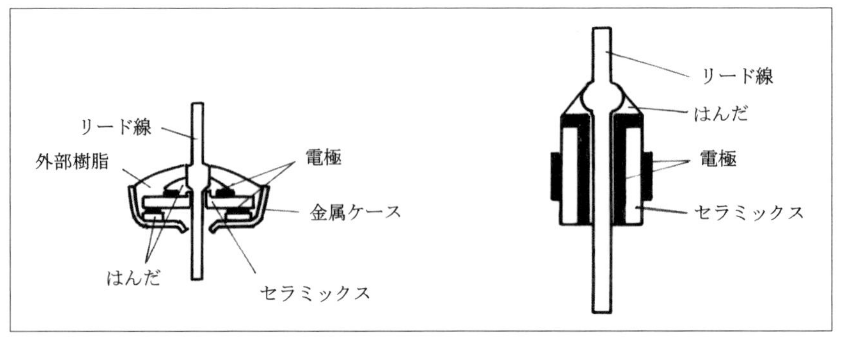

〔図 1.3〕円板および円筒貫流リード型セラミックコンデンサ

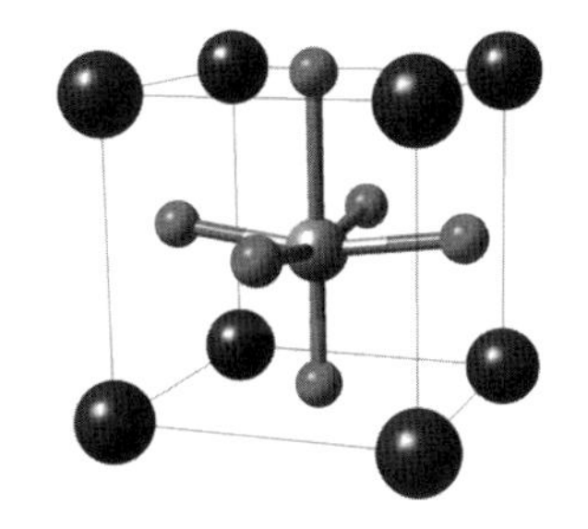

第2章
誘電現象とその原理

電子部品材料は、電気導電率から大きく分けて導電体、半導体、絶縁体に分類される。誘電体は、通常絶縁体であるけれども、これに直流電圧を加えたとき、電流はほとんど流れない。しかし、この物質をはさんだ電極には電荷がたまり分極が起こる。電流に注目すればこの物質は、絶縁体である。一方、分極電荷に注目すれば誘電体となる。交流電圧を印加すると電圧に対して位相が90°進んだ電流（変位電流）が流れる。

2．1　誘電率と比誘電率

2．1．1　直流電界中の誘電体の性質

図2.1 (a)、(b) のような2個の平行平面板状のコンデンサを考える。ただし、電極面積を A (m^2)、電極間距離 d (m) とする。これらの電極板間で、一方は (a) 真空、他方は (b) 誘電体で満たされている場合とする。これらのコンデンサに等しい電圧 V (V) を印加した場合の電界強度 $\boldsymbol{E}$ (V/m) は、

$$\boldsymbol{E}=V/d \quad \cdots\cdots (2.1)$$

で、(a)、(b) のいずれの場合も等しい。しかし、電極上に蓄積される電荷に着目すると、(a) の真空の場合には両電極間に電荷面密度 σ_0 (cm^{-2}) の正負電荷が蓄積される。ただし、$\sigma_0=\varepsilon_0\boldsymbol{E}$ である。一方、(b) の誘電体が充填されている場合には、誘電体の表面には一様な電界中で単位面

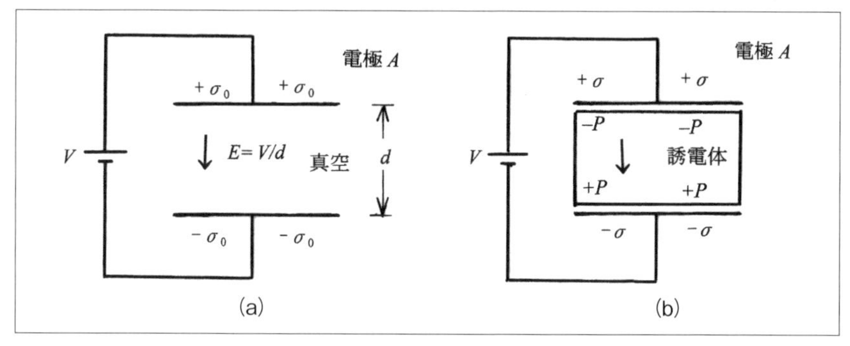

〔図 2.1〕コンデンサの電荷

積あたり $\pm\boldsymbol{P}$ (cm^{-2}) の誘電分極 (dielectric polarization) が現れる。このため、電極に与えられた電荷密度 $\boldsymbol{\sigma}$ に対して誘電分極により $\boldsymbol{P}$ の電荷密度が生じるから、電極の見かけの電荷密度は

$$\boldsymbol{\sigma}=\boldsymbol{\sigma}_0+\boldsymbol{P}=\varepsilon_0\,\varepsilon_r\,\boldsymbol{E} \quad \cdots\cdots \quad (2.2)$$

となり、真空中の場合と同じく $\boldsymbol{E}$、V が保たれる。この場合、$\boldsymbol{\sigma}$ を真電荷密度 (true charge)、$\boldsymbol{P}$ を束縛電荷密度 (bound charge)、$\boldsymbol{\sigma}_0=\boldsymbol{\sigma}-\boldsymbol{P}$ を自由電荷密度 (free charge) と呼んで区別することがある。上式より、

$$\boldsymbol{P}=\varepsilon_0(\varepsilon_r-1)\,\boldsymbol{E} \quad \cdots\cdots \quad (2.3)$$

が導かれる。この式は誘電体を原子、分子の性質を基礎に微視的立場から物性論的に取り扱って求められる $\boldsymbol{P}$ と巨視的な測定可能量である外部電界 $\boldsymbol{E}$、誘電率 $\boldsymbol{\varepsilon}$ を結びつける式である。真空のときの静電容量を C_0、誘電体で満たされた場合を C とすると、

$$\sigma_0\,A=C_0V \quad \sigma\,A=CV \quad \cdots\cdots \quad (2.4)$$

上式より、

$$\boldsymbol{\sigma}/\boldsymbol{\sigma}_0=C/C_0=\boldsymbol{\varepsilon}_r \quad \cdots\cdots \quad (2.5)$$

で、電極間を誘電体で満たしたときの静電容量 C と、真空のときの静電容量 C_0 の比で求まる。これを比誘電率 (relative dielectric constant) という。また、真空の誘電率 $\boldsymbol{\varepsilon}_0$ との積を誘電率 (dielectric constant) といい、これを $\boldsymbol{\varepsilon}$ で表せば、

$$\boldsymbol{\varepsilon}=\boldsymbol{\varepsilon}_0\,\boldsymbol{\varepsilon}_r \ (\mathrm{F/m}) \quad \cdots\cdots \quad (2.6)$$

となる。

２．１．２　交流電界中の誘電体の性質

分極は電界が印加され、それが完了するまでにある程度の時間を必要とする。また電界を取り除いたとき分極が消滅するためにも時間が必要である。このような分極の変化速度（分極が元の値の 1/e にまで減少す

るのに必要な時間）を表すのに、緩和時間（relaxation time）が用いられる。緩和時間の逆数は緩和周波数（relaxation frequency）と呼ばれる。電界の作用する時間が緩和時間より十分に長ければ分極は完全に現れるが、短くなり緩和時間に近づいてくると分極は次第に現れにくくなり、ついには消滅する。交流電界から力を受けて半周期ごとに電荷の変位方向が変わるとき、周波数が高くなると変位が電界に追随できなくなり分極 $\boldsymbol{P}$ は減少する。$\boldsymbol{P}$ が減少することで、ε_r が小さくなる。このように周波数とともに誘電率が減少する現象を誘電分散（dielectric dispersion）と呼ぶ。誘電体に交流電界を印加すると分極 $\boldsymbol{P}$ は $\boldsymbol{E}$ より位相が遅れる。いま、電束密度 $\boldsymbol{D}$ と $\boldsymbol{E}$ との関係は、

$$\boldsymbol{D}=\varepsilon_0\,\varepsilon_r\,\boldsymbol{E} \qquad (2.7)$$

であるから、分極 $\boldsymbol{P}$ と $\boldsymbol{D}$ は

$$\boldsymbol{P}=(\varepsilon_r-1)\,\boldsymbol{D}/\varepsilon_r \qquad (2.8)$$

となり $\boldsymbol{D}$ にも位相遅れが生じる。これを $\boldsymbol{\delta}$ とし、交流電界の角周波数を $\boldsymbol{\omega}$ とすると、$\boldsymbol{E}$ と $\boldsymbol{D}$ は

$$\boldsymbol{E}=E_0\,\mathrm{e}^{\mathrm{j}\omega t}、\boldsymbol{D}=D_0\,\mathrm{e}^{\mathrm{j}(\omega t-\delta)} \qquad (2.9)$$

とすると、$\boldsymbol{D}$ と $\boldsymbol{E}$ の比を複素誘電率 $\boldsymbol{\varepsilon}^*$（complex dielectric constant）とすると、

$$\begin{aligned}\boldsymbol{\varepsilon}^* &= \boldsymbol{\varepsilon}' - \mathrm{j}\boldsymbol{\varepsilon}'' = \boldsymbol{D}/\boldsymbol{E} = (D_0/E_0)\mathrm{e}^{\mathrm{j}\delta} \\ &= (D_0/E_0)\cos\boldsymbol{\delta} - \mathrm{j}(D_0/E_0)\sin\boldsymbol{\delta}\end{aligned} \qquad (2.10)$$

したがって、

$$\tan\boldsymbol{\delta} = \boldsymbol{\varepsilon}''/\boldsymbol{\varepsilon}' \qquad (2.11)$$

となる。

一方変位電流 $\boldsymbol{I}$ は、

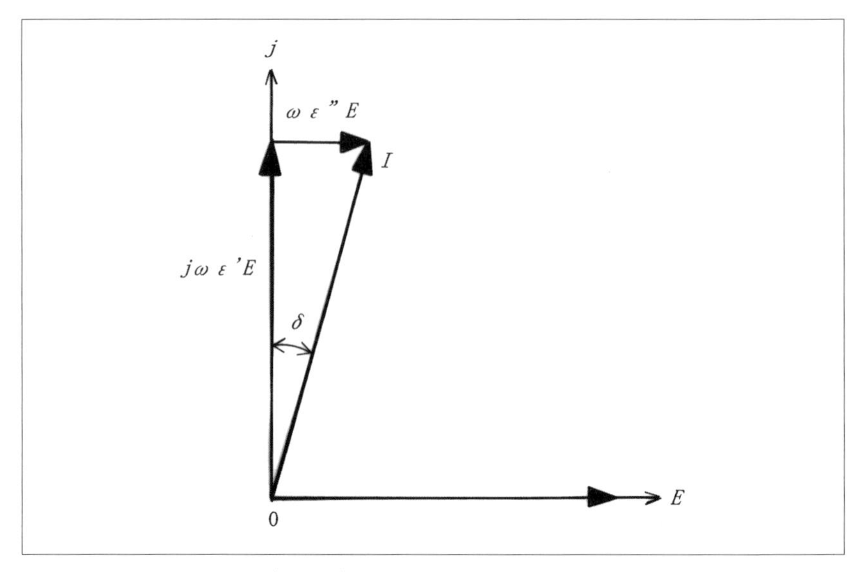

〔図 2.2〕誘電体の電流電圧特性

$$
\begin{aligned}
\boldsymbol{I}=\frac{d\boldsymbol{D}}{dt}=\frac{d}{dt}\,[\,D_0\,\mathrm{e}^{\mathrm{j}(\omega t-\delta)}]=\mathrm{j}\omega\boldsymbol{D}&=\mathrm{j}\omega\varepsilon^{*}\boldsymbol{E} \\
&=\mathrm{j}\omega\varepsilon^{'}\boldsymbol{E}+\omega\varepsilon^{''}\boldsymbol{E} \qquad \cdots\cdots\ (2.12)
\end{aligned}
$$

となる。これを図 2.2 にベクトル図で示す。

このコンデンサに電界 $\boldsymbol{E}$ を加えた場合、誘電体の単位体積あたりの損失 W は

$$
W=\omega\boldsymbol{E}^2\varepsilon^{''}=\omega\boldsymbol{E}^2\varepsilon^{'}\tan\delta \qquad \cdots\cdots\ (2.13)
$$

と書ける。$\tan\delta$ を誘電正接（dialect loss tangent）、δ を誘電損角（dielectric loss angle）という。

2．2　分極

2．2．1　分極の定義

図 2.1（b）に示すように誘電体で満たされた平行平板コンデンサの電極に面密度 σ の電荷を与えると、その電界により誘電体の内部では正

負の電荷が変位し、誘電体板の端面に電荷が現れる。この電荷の変位を誘電分極（polarization）という。誘電分極を量的に表すには、誘電体内の一点において電荷の変位に垂直な面を考え、この面の単位面積を通って変位した電荷の量をその大きさとし、正電荷の方向をその方向とするベクトル $\boldsymbol{P}$ を用いる。一様に分極されている誘電体板の表面には、面密度 σ の面電荷が現れる。σ は、

$$\sigma = \boldsymbol{n} \cdot \boldsymbol{P} \quad \cdots\cdots (2.14)$$

で与えられる（$\boldsymbol{n}$ は表面の法線方向の単位ベクトルである）。一般に、分極 $\boldsymbol{P}$、電束密度 $\boldsymbol{D}$、電界 $\boldsymbol{E}$ の間の関係を［ε_{ij}］、［χ_{ij}］、［δ_{ij}］マトリクスを用いて表すと次のようになる。

$$\begin{aligned} \boldsymbol{P} &= \varepsilon_0\{[\varepsilon_{ij}]-[\delta_{ij}]\}\boldsymbol{E} = \varepsilon_0[\chi_{ij}]\boldsymbol{E} \\ \boldsymbol{D} &= \varepsilon_0[\varepsilon_{ij}]\boldsymbol{E} \\ \boldsymbol{D} &= \varepsilon_0\boldsymbol{E} + \boldsymbol{P} \end{aligned} \quad \cdots\cdots (2.15)$$

ここで、ε_0 は真空の誘電率（$=8.854 \times 10^{-12}$F/m）、［ε_{ij}］は比誘電率テンソル、［χ_{ij}］は電気感受率テンソル、［δ_{ij}］は 1（$i=j$）あるいは 0（$i \neq j$）である。

誘電分極を単位体積あたりの双極子モーメントと定義することにより、誘電現象を分子論的に考えることができる。原子、分子およびイオンなどが外部から電界の作用を受けると、正負電荷の中心が相対的に変位し、その分布状態が変化しそれによって双極子モーメント（electric dipole moment）が生じる。2 個の点電荷 $\pm q$ が距離 l だけ離れて存在する電気双極子モーメントは $\boldsymbol{\mu}=q\boldsymbol{l}$ で定義される。誘電体中に生じた電気双極子の数を N（1/m^3）すると、これらの総和 $N\boldsymbol{\mu}Ad$ が全体としての双極子モーメント APd に等しいから、

$$\boldsymbol{P} = N\boldsymbol{\mu} \quad \cdots\cdots (2.16)$$

となり、誘電分極 $\boldsymbol{P}$ は単位体積あたりの双極子モーメントに等しい。

外部電界により発生したものを誘導双極子モーメント（induced dipole

moment）と呼び、電界がなくても物質中にある永久双極子モーメント（permanent dipole moment）と区別される。誘導双極子モーメント μ_{ind} はこれに作用する内部電界 $\boldsymbol{E}_i$ に比例すると考えられるので、

$$\boldsymbol{\mu}_{\mathrm{ind}} = \alpha \boldsymbol{E}_i \quad \cdots\cdots (2.17)$$

と書ける。ここで α（Fm^2）は分極率（polarizability）である。物質が単位体積あたり N 個の誘導双極子をもち、それらがすべて加え合わされるように働くとすると分極 $\boldsymbol{P}$ は

$$\boldsymbol{P} = N\boldsymbol{\mu}_{\mathrm{ind}} = N\alpha \boldsymbol{E}_i \quad \cdots\cdots (2.18)$$

となる。

２．２．２　内部電界

外部から電界が加えられたとき誘電体内の注目した原子・分子に作用する電界を内部電界（internal field）$\boldsymbol{E}_i$ と呼ぶ。これは、外部電界と注目している原子・分子・イオン以外のすべての原子・分子・イオンなどが分極して生ずる電界の和として与えられる。物質の構造が詳しくわかっていると原理的には計算できるが、実際には非常に難しい。ローレンツ（Lorentz）は物質の構成分子が中性で永久双極子を持たず、高い対称性を持つ場合や、逆にその配列がまったく不規則であるような特別の条件の場合に、以下のようにしてこれを求めた。

平行平板コンデンサ内の一つの原子Ｏの周りに半径 r の球を考える。球は試料に比べて十分に小さいが、球内には十分多くの原子を含んでいると仮定する。

球の中心にある原子Ｏに作用する内部電界 $\boldsymbol{E}_i$ は、電極上の自由電荷に基づく電界（外部電界 $\boldsymbol{E}$）、球面の外部にある誘電体による電界 $\boldsymbol{E}_1$、および球面内部にあるＯ原子以外の全原子による電界 $\boldsymbol{E}_2$ の和

$$\boldsymbol{E}_i = \boldsymbol{E} + \boldsymbol{E}_1 + \boldsymbol{E}_2 \quad \cdots\cdots (2.19)$$

で表される。$\boldsymbol{E}$ は印加電圧から求められるので、まず、$\boldsymbol{E}_1$ の求め方を考える。半径 r は原子の大きさに比べても十分大きいので、球面外部の

原子の分極がO原子の位置に作る電界 $\boldsymbol{E}_1$ は球の内面に現れる電荷に基づく電界に等しいと考えられる。この電荷の分布は分極 $\boldsymbol{P}$ の法線方向の成分 $\boldsymbol{P}_n$ で与えられる。図 2.3 (a) に示すように $\boldsymbol{P}$ と球面上の任意の位置 A における法線となす角を θ とすると、この点の電荷密度は、

$$\boldsymbol{P}_n = \boldsymbol{P}\cos\theta \quad \cdots\cdots (2.20)$$

である。したがって面積要素 dS 上の電荷がOにおいて作る電界の $\boldsymbol{P}$ 方向の成分 $d\boldsymbol{E}_1$ はクーロン (Coulomb) の法則により

$$d\boldsymbol{E}_1 = (\boldsymbol{P}\cos\theta\ dS/4\pi\varepsilon_0)\cos\theta \quad \cdots\cdots (2.21)$$

ここで dS は、

$$dS = 2\pi r^2 \sin\theta\, d\theta \quad \cdots\cdots (2.22)$$

であるから上式に代入し $d\boldsymbol{E}_1$ を θ につき 0 から π まで積分する。

$$\boldsymbol{E}_1 = \frac{\boldsymbol{P}}{2\varepsilon_0}\int_0^{\pi} \cos^2\theta \sin\theta\ d\theta = \frac{\boldsymbol{P}}{3\varepsilon_0} \quad \cdots\cdots (2.23)$$

となる。この電界は外部電界の方向を向き、その強さを強めるように作用する。次に $\boldsymbol{E}_2$ を求める。図 2.3 (b) に球内の一つの双極子を示す。球

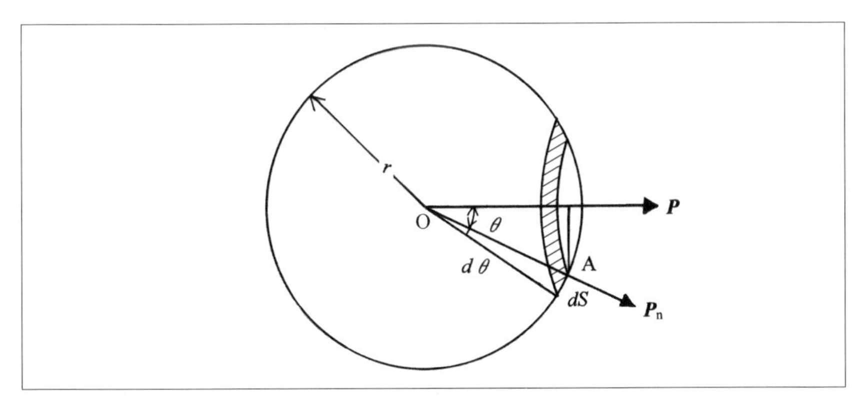

〔図 2.3 (a)〕誘電体内の球状空洞の内面に現れる電荷に基づく電界 E_1 の説明図

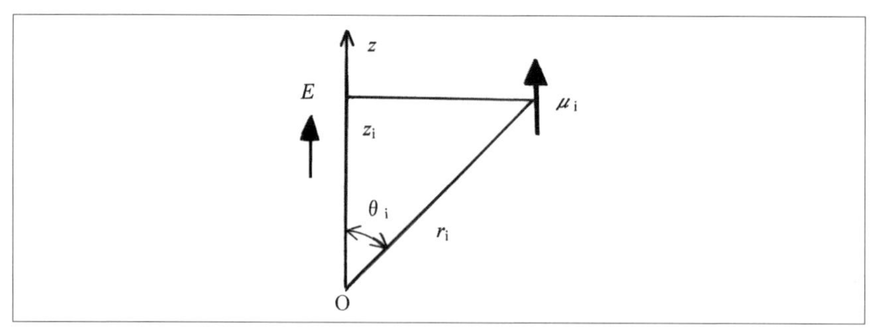

〔図 2.3 (b)〕球内の双極子の位置

内のすべての双極子モーメントは外部電界 $\boldsymbol{E}$ の方向に誘起されており、モーメント $\boldsymbol{\mu}_i$ の双極子が中心 O に作る電位 $\boldsymbol{V}_{2i}$ は

$$V_{2i}=\frac{\boldsymbol{\mu}_i\cdot\boldsymbol{r}_0}{4\pi\varepsilon_0 r_i^3}=\frac{\boldsymbol{\mu}_i\cdot\boldsymbol{r}}{4\pi\varepsilon_0 r_i^3} \quad \cdots\cdots\cdots\cdots\cdots\cdots\cdots\cdots\cdots\cdots\cdots \ (2.24)$$

ただし r_i は双極子モーメント μ_i から中心 O までの距離 $\boldsymbol{r}_0$ は $\boldsymbol{r}$ 方向の単位ベクトル、$\boldsymbol{r}$ は位置ベクトルである。電界 $\boldsymbol{E}_{2i}$ は

$$\boldsymbol{E}_{2i}=-\frac{\partial V_i}{\partial r_i}=-\frac{1}{4\pi\varepsilon_0}\frac{\partial V_i}{\partial r_i}\{(\boldsymbol{\mu}_i\cdot\boldsymbol{r})\frac{1}{r_i^3}\}=\frac{1}{4\pi\varepsilon_0}\{\frac{3(\boldsymbol{\mu}_i\cdot\boldsymbol{r})\boldsymbol{r}}{r_i^5}-\frac{\boldsymbol{\mu}_i}{r_i^3}\} \quad \cdots\cdots\cdots\cdots \ (2.25)$$

ここで、$\boldsymbol{\mu}_i=\boldsymbol{i}\boldsymbol{\mu}_x+\boldsymbol{j}\boldsymbol{\mu}_y+\boldsymbol{k}\boldsymbol{\mu}_z$、$\boldsymbol{r}=\boldsymbol{i}\boldsymbol{x}_i+\boldsymbol{j}\boldsymbol{y}_i+\boldsymbol{k}\boldsymbol{z}_i$ を上式に代入すると、

$$\boldsymbol{E}_{2i}=\frac{1}{4\pi\varepsilon_0}\{\frac{3(\mu_x x_i+\mu_y y_i+\mu_z z_i)(\boldsymbol{i}x_i+\boldsymbol{j}y_i+\boldsymbol{k}z_i)}{r_i^5}-\frac{\boldsymbol{i}\mu_x+\boldsymbol{j}\mu_y+\boldsymbol{k}\mu_z}{r_i^3}\} \quad \cdots \ (2.26)$$

となる。x、y、z 方向の電界成分 E_{2x}、E_{2y}、E_{2z} は、

$$E_{2x}=\frac{1}{4\pi\varepsilon_0}(\mu_x\frac{-r_i^2+3x_i^2}{r_i^5}+\mu_y\frac{3x_iy_i}{r_i^5}+\mu_z\frac{3x_iz_i}{r_i^5})$$

$$E_{2y}=\frac{1}{4\pi\varepsilon_0}(\mu_x\frac{3x_iy_i}{r_i^5}+\mu_y\frac{-r_i^2+3y_i^2}{r_i^5}+\mu_z\frac{3y_iz_i}{r_i^5})$$

$$E_{2z}=\frac{1}{4\pi\varepsilon_0}(\mu_x\frac{3x_iz_i}{r_i^5}+\mu_y\frac{3y_iz_i}{r_i^5}+\mu_z\frac{-r_i^2+3z_i^2}{r_i^5}) \quad \cdots\cdots\cdots \ (2.27)$$

多数の双極子が球面内部の原子の分極に基づく電界 $\boldsymbol{E}_2$ を求めることは一般に難しい。永久双極子を持たず気体のように配列が全く不規則であるか、または対称性の高い立方晶の結晶の場合の E_{2x}、E_{2y}、E_{2z} は、

$$E_{2x}=\frac{1}{4\pi\varepsilon_0}\left(\mu_x\sum_i\frac{-r_i^2+3x_i^2}{r_i^5}+\mu_y\sum_i\frac{3x_iy_i}{r_i^5}+\mu_z\sum_i\frac{3x_iz_i}{r_i^5}\right)$$

$$E_{2y}=\frac{1}{4\pi\varepsilon_0}\left(\mu_x\sum_i\frac{3x_iy_i}{r_i^5}+\mu_y\sum_i\frac{-r_i^2+3y_i^2}{r_i^5}+\mu_z\sum_i\frac{3y_iz_i}{r_i^5}\right)$$

$$E_{2z}=\frac{1}{4\pi\varepsilon_0}\left(\mu_x\sum_i\frac{3x_iz_i}{r_i^5}+\mu_y\sum_i\frac{3y_iz_i}{r_i^5}+\mu_z\sum_i\frac{-r_i^2+3z_i^2}{r_i^5}\right)\cdots \quad (2.28)$$

原子配列が等方的であり双極子の位置 x_i、y_i、z_i の符号を変えても E_{2x}、E_{2y}、E_{2z} は変わらない。よって、

$$\sum_{i=1}^{N}x_i^2=\sum_{i=1}^{N}y_i^2=\sum_{i=1}^{N}z_i^2=\frac{1}{3}\sum_{i=1}^{N}r_i^2 \quad \cdots\cdots (2.29)$$

$$\sum_{i=1}^{N}x_iy_i=\sum_{i=1}^{N}y_iz_i=\sum_{i=1}^{N}z_ix_i=0 \quad \cdots\cdots (2.30)$$

の関係があるので

$$E_{2x}=E_{2y}=E_{2z}=\boldsymbol{E}_{2i}=0 \quad \cdots\cdots (2.31)$$

となる。結局内部電界 $\boldsymbol{E}_i$ は

$$\boldsymbol{E}_{\mathrm{i}}=\boldsymbol{E}+\boldsymbol{E}_1=\boldsymbol{E}+\frac{\boldsymbol{P}}{3\varepsilon_0} \quad \cdots\cdots (2.32)$$

この $\boldsymbol{E}_i$ がローレンツ（Lorentz）の内部電界である。一般に $\boldsymbol{E}_2=0$ は成立しないが、$\boldsymbol{E}_2$ も $\boldsymbol{E}_1$ と同様に $\boldsymbol{P}$ に比例すると仮定すれば

$$\boldsymbol{E}_i=\boldsymbol{E}+\frac{\gamma}{\varepsilon_0}\boldsymbol{P}=\{\gamma(\varepsilon_r-1)+1\}\boldsymbol{E} \quad \cdots\cdots (2.33)$$

と書ける。γ は内部電界定数（internal field constant）といい、1より小さい。分子・原子相互作用は温度や圧力に依存するので、γ も温度、圧力で変化する。式（2.18）、式（2.32）と式（2.3）を用いると

$$\frac{\varepsilon_r-1}{\varepsilon_r+2}=\frac{N\alpha}{3\varepsilon_0} \quad \cdots\cdots (2.34)$$

が得られる。誘電体の密度の分極に与える影響を避けるために、モルあたりの分極を考える。1モル中の分子数 N_0 ($N_0=NM/\rho$、M は分子量、ρ は密度) を用いると、

$$\frac{\varepsilon_r-1}{\varepsilon_r+2}\frac{M}{\rho}=\frac{N_0\alpha}{3\varepsilon_0}=P_{\mathrm{m}} \quad \cdots\cdots (2.35)$$

となる。これがクラウジウス・モソッティ (Clausius-Mosotti) の関係式で、P_{m} を分子分極と呼ぶ。

2．2．3　分極の種類

均質な誘電体が分極する機構は、図 2.4 (a) ～ (c) に示すように、電

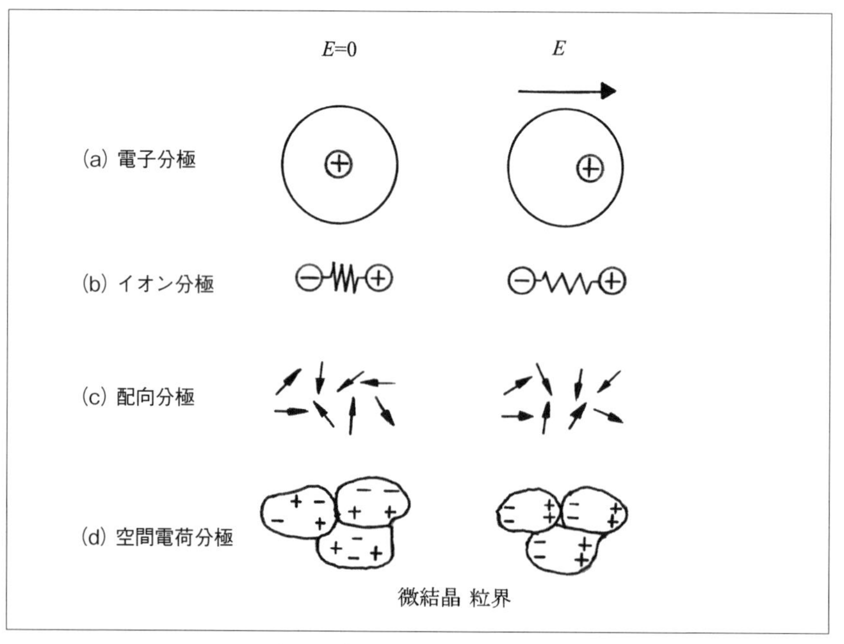

〔図 2.4〕分極機構の模式図

場の下で電子雲が原子核に対して相対的に変形することに起因する電子分極（electric polarization）、イオン性結晶の場合、正イオン格子と負イオン格子が相対的に変位することに基づくイオン分極（ionic polarization）、永久双極子モーメントを持つ分子の電界方向への配向することによって生ずる配向分極（orientational polarization）の三種類がある。不均質な誘電体では、これらと全く異なる機構の図 2.4（d）の空間電荷分極（space charge polarization）、あるいは界面分極（interfacial polarization）がある。この分極は誘電体中をイオンなどの荷電粒子がある距離だけ移動したのち、その不均質のために特定の空間や界面にたまると空間電荷、または界面電荷を生じることに基づくものである。

(a) 電子分極

これらのうち、電子分極では、原子は Ze（Z：原子番号）の正電荷を持つ原子核とこれを中心にして半径 r の球面内に一様に分布している $-Ze$ の負電荷の電子雲からなると仮定する。印加された電界 E_i により誘導される電子分極は、電界が原子核と電子雲との相対位置を変えようとする力 ZeE_i と、この変位を妨げようとする正・負電荷間のクーロン力との間の釣合の関係から求まる。この変位を図 2.5 に示すように x とすれば、x を半径とする球面内にある負電荷 $-Zex^3/r^3$ と原子核の正電荷 Ze と

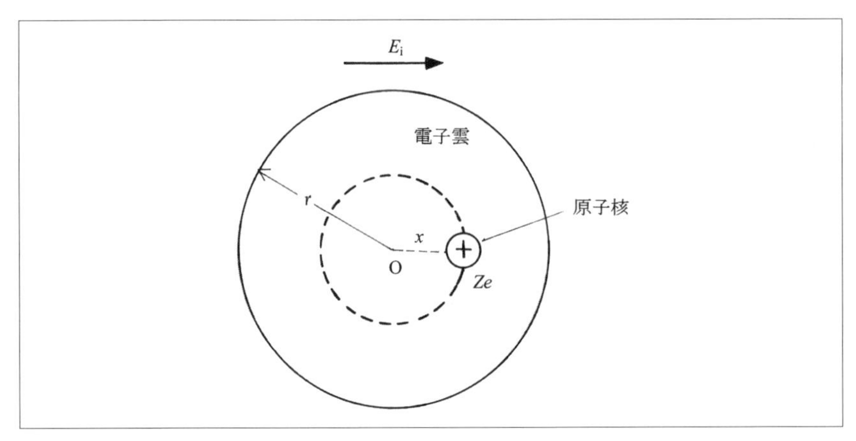

〔図 2.5〕電子分極のモデル

から平衡条件は、

$$ZeE_i = \frac{(Ze)(\frac{Zex^3}{r^3})}{4\pi\varepsilon_0 x^2} \quad \cdots\cdots (2.36)$$

ただしクーロン力は図のように半径 x 内の電子雲の電荷が中心Oに集まり、これと原子核の電荷＋Ze との間に働く力として求められている。

これより x について求めると、

$$x = (4\pi\varepsilon_0 r^3/Ze)E_i \quad \cdots\cdots (2.37)$$

が得られる。誘導双極子モーメント μ_{ind} は電子分極率を α_e とすると次のようになる。

$$\mu_{\mathrm{ind}} = Zex = 4\pi\varepsilon_0 r^3 E_i = \alpha_e E_i \quad \cdots\cdots (2.38)$$

電子分極率は電子構造が変化しない限り変わらないので、温度に依存しない。

C、Si、Geなどの単元素個体では電子分極のみ生じる。この場合、式(2.33)を用いて

$$P_e = \frac{N\alpha_e}{1-(\frac{\gamma N\alpha_e}{\varepsilon_0})}E = \varepsilon_0(\varepsilon_r - 1)E \quad \cdots\cdots (2.39)$$

が成り立つ。ε_r は N、α_e、γ で求められる。単元素からなる固体においては原子間の結合が原子の荷電子分布に影響を与えるので α_e の値は自由電子の場合とは少し異なるが､その差は実際上極めて小さい。α_e､N､γ も温度にわずかしか依存しないので、この種の固体の比誘電率は第一近似として温度に依存しない。

(b) イオン分極

異種の原子からなる分子では電子雲の偏りにより正負イオンとなる。このイオンに外部電界が加えられると平衡位置からずれ、正負イオンの相対的位置の変位に基づくクーロン力と電界による力がつりあい、平衡が保たれる。これをイオン分極という。これはまた原子分極ともいわれ

ている。イオン分極率 α_i は電子分極率と同様、通常の温度では温度依存性が小さい。

NaCl などのイオン結晶の場合、全分極は電子分極 P_e とイオン分極 P_i の和で与えられる。光の周波数ではイオンの慣性のためイオン分極は追随できない。低周波と高周波の比誘電率をそれぞれ ε_{r0} と $\varepsilon_{r\infty}$（$\varepsilon_{r\infty}=n^2$、n は屈折率）とすると

$$\varepsilon_0(\varepsilon_{r0}-1)E_i=P_e+P_i \quad \text{（低周波領域）} \quad \cdots\cdots (2.40)$$

$$\varepsilon_0(n^2-1)E_i=P_e \quad \text{（高周波領域）} \quad \cdots\cdots (2.41)$$

となる。

(c) 配向分極

図 2.6 (a) のように電界がなければ誘電体中の永久双極子モーメントは熱運動により無秩序な方向分布をしており、単位体積中のそのモーメントの総和は 0、すなわち分極は 0 である。電界が印加されると双極子は電界の方向に配向し、分極が発生する。分極の大きさは電界の大きさによる双極子の秩序化と熱運動による無秩序化との平衡で決まる。電界により双極子 μ が受け取るトルクに基づく位置（回転角度）エネルギを双極子のエネルギとしたボルツマン分布則を用いることにより、N 個の双極子の電界方向の分極の総和、配向分極 P_o が求められる。いま、図 2.6 (b) のように電界 E_i と角度 θ をなす方向に向いている双極子のもつポテンシャルエネルギ U は、電界により双極子が受ける回転力は

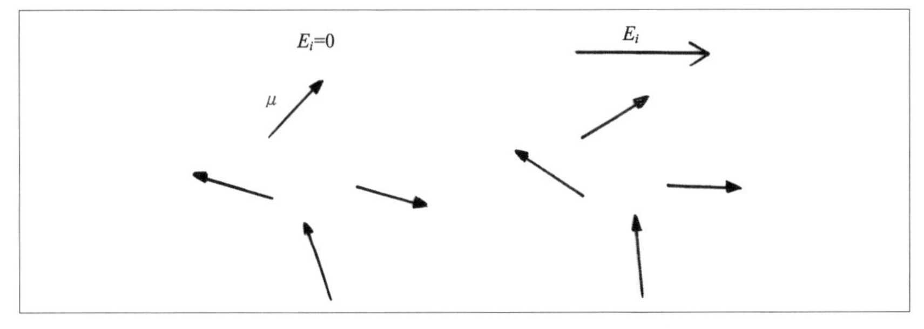

〔図 2.6 (a)〕電界による双極子の配向

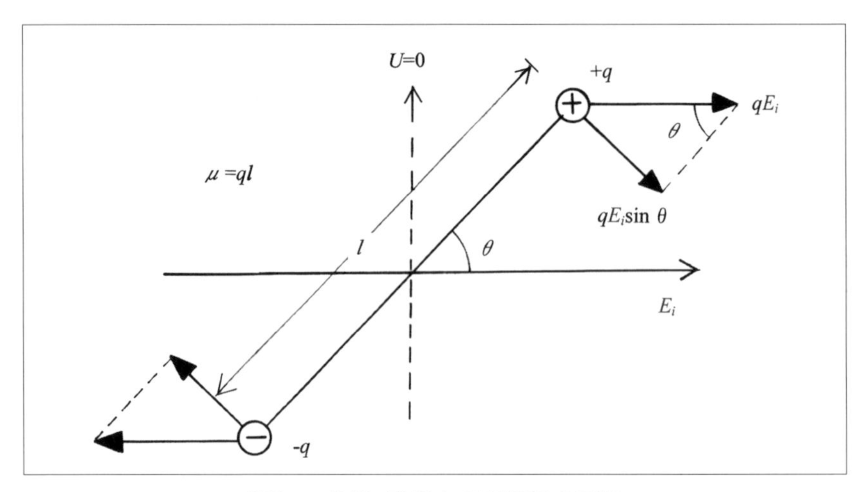

〔図 2.6 (b)〕電界中の双極子の回転

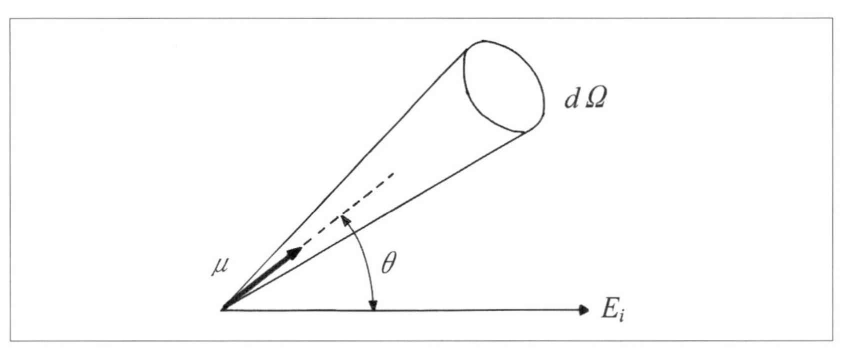

〔図 2.6 (c)〕微小立体角 $d\Omega$ と双極子モーメント μ

$\mu E_i \sin\theta$ に等しいからこれを θ について積分すればよい。$\theta=\pi/2$ を基準にとれば

$$U=\int_{\theta=\pi/2}^{\theta}\mu E_i \sin\theta\, d\theta=-\mu E_i\cos\theta \qquad \cdots\cdots\cdots\cdots\cdots\cdots\cdots (2.42)$$

である。図 2.6 (c) に任意の微小立体角 $d\Omega$ とその中に θ の向きを有する双極子モーメント μ との関係を示す。また、$d\Omega$ は図 2.6 (d) のように E_i を軸とする頂角 θ と $\theta+d\theta$ の二つの円錐に挟まれた角である。図のように斜線で引いた部分の面積 dS を立体角 $d\Omega$ が半径 r の球表面を

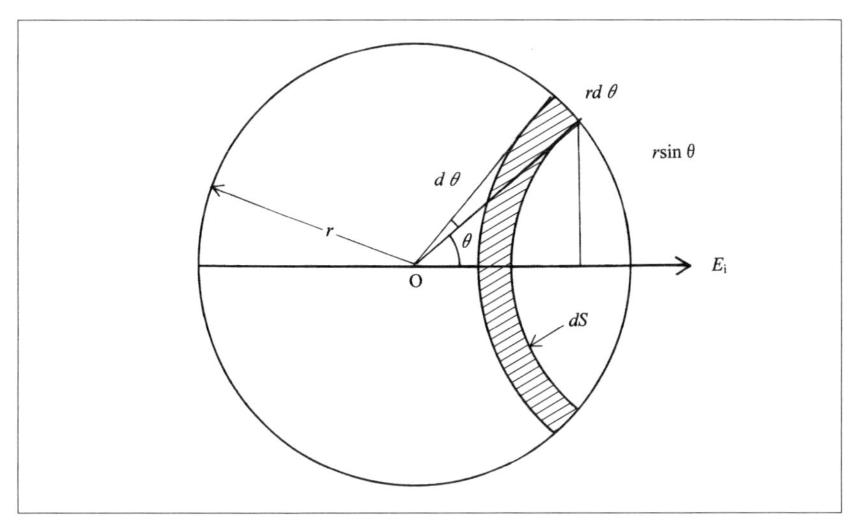

〔図 2.6（d）〕双極子の方向分布の計算

切り取った面積とすると

$$\frac{d\Omega}{\pi}=\frac{dS}{4\pi r^2}=\frac{2\pi r\sin\theta\cdot rd\theta}{4\pi r^2} \quad \cdots\cdots (2.43)$$

となる。これより $d\Omega=2\pi\sin\theta\ d\theta$ となる。またボルツマン統計によると、任意の立体角 $d\Omega$ に含まれる方向に向く双極子の数 dN は次式で与えられる。ただし、A は定数、T は絶対温度、k はボルツマン定数で 1.38×10^{-23} (joule/deg) である。

$$dN=A\exp(-U/kT)d\Omega=A\exp(\mu E_i\cos\theta/kT)d\Omega \quad \cdots\cdots (2.44)$$

角双極子はそれらのもつモーメントの電界方向の成分 $\mu\cos\theta$ だけ P_o に寄与するから P_o は

$$P_o=\int_{\theta=0}^{\pi}\mu\cos\theta\ dN=2\pi A\int_{\theta=0}^{\pi}\mu\cos\theta\ \exp(\mu E_i\cos\theta/kT)\sin\theta\,d\theta \quad \cdots\cdots (2.45)$$

で表される。ここに定数 A は

$$\int_{\theta=0}^{\pi} dN = 2\pi A \int_{\theta=0}^{\pi} \exp(\mu E_i \cos\theta / kT) \sin\theta \, d\theta = N \quad \cdots\cdots (2.46)$$

の条件から導かれる。それゆえ P_o は

$$P_o = N \frac{\int_{\theta=0}^{\pi} \mu \cos\theta \exp(\mu E_i \cos\theta / kT) \sin\theta \, d\theta}{\int_{\theta=0}^{\pi} \exp(\mu E_i \cos\theta / kT) \sin\theta \, d\theta} \quad \cdots\cdots (2.47)$$

となる。ここで、$\mu E_i \cos\theta / kT = x$、$\mu E_i / kT = a$ とおくと上式は

$$P_o = N \frac{\mu}{a} \frac{\int_{-a}^{a} x e^x \, dx}{\int_{-a}^{a} e^x \, dx} = N \frac{\mu}{a} \left\{ \frac{a(e^a + e^{-a})}{e^a - e^{-a}} - 1 \right\} = N\mu L(a) \quad \cdots\cdots (2.48)$$

となる。ただし、$L(a) = \coth a - \frac{1}{a}$ である。

ここで、分子の配向に基づく平均双極子モーメント（P_o/N）とすると $L(a) = P_o/N\mu$ であるから、$L(a)$ は平均双極子モーメントの μ に対する比を与える。$L(a)$ と a の関係を図 2.7 に示す。a が 1 に比べて非常に小さいときは

$$\coth a = \frac{1}{a} + \frac{a}{3} - \frac{a^3}{45} + \cdots \quad \cdots\cdots (2.49)$$

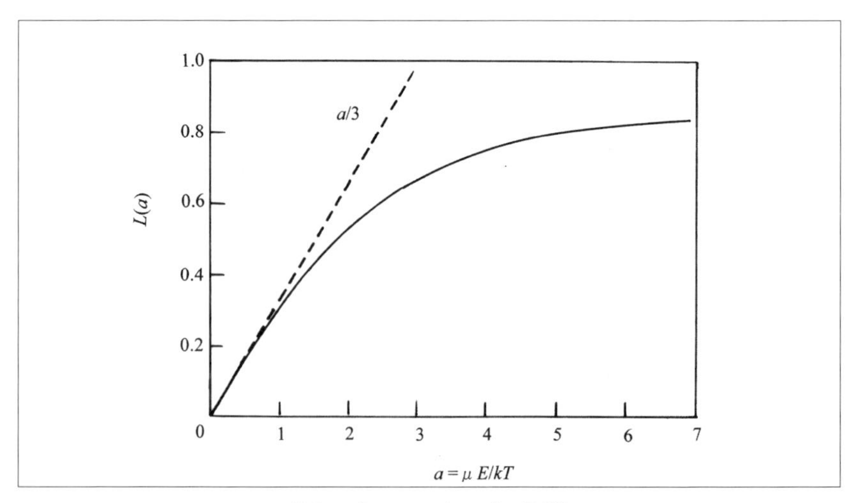

〔図 2.7〕ランジュバン関数

と展開できるので L(a) ≅ $a/3$ で近似できる。非常に低温でない限り、E が相当大きくても a と考えられるので

$$P_o = \frac{N\mu^2 E_i}{3kT} \quad \cdots\cdots (2.50)$$

と書ける。P_o は絶対温度に反比例し、μ の二乗に比例する。

永久双極子を持つ分子は有極性分子（polar molecule）と呼ばれ、持たないものは無極性分子と呼ばれる。配向分極は有極性分子のみに現れる。配向分極を持つ物質は、電子分極とイオン分極をも持っており、全分極 P は、

$$P = N(\alpha_e + \alpha_i + \frac{\mu^2}{3kT})E_i \quad \cdots\cdots (2.51)$$

内部電界がローレンツの電界で表される場合は

$$\frac{\varepsilon_r - 1}{\varepsilon_r + 2} = \frac{N}{3\varepsilon_0}(\alpha_e + \alpha_i + 3kT) \quad \cdots\cdots (2.52)$$

有極性分子の分子分極に関するデバイ（Debye）の式は

$$P_m = \frac{\varepsilon_r - 1}{\varepsilon_r + 2}\,\frac{M}{\rho} = \frac{N}{3\varepsilon_0}(\alpha_e + \alpha_i + 3kT) \quad \cdots\cdots (2.53)$$

で与えられる。

(d) 空間電荷分極

不均質な誘電体の場合上記三つの分極とは異なる機構の分極が起こる。この種の分極は結晶の微視的な構造だけでなく、結晶粒の大きさや分布および粒界の性質などの巨視的構造にも関係し、現象論的にはマックスウェルやワグナーらによる理論的取扱いもあるが、ここでは最も単純な二層誘電体を考える。図 2.8 に示すように二種の異なる誘電体層状に重ねられた複合コンデンサがある。直流電界 E を印加した瞬間 t=0 における電界分布は、E_1/E_2 ($E=E_1+E_2$) は容量で分割され

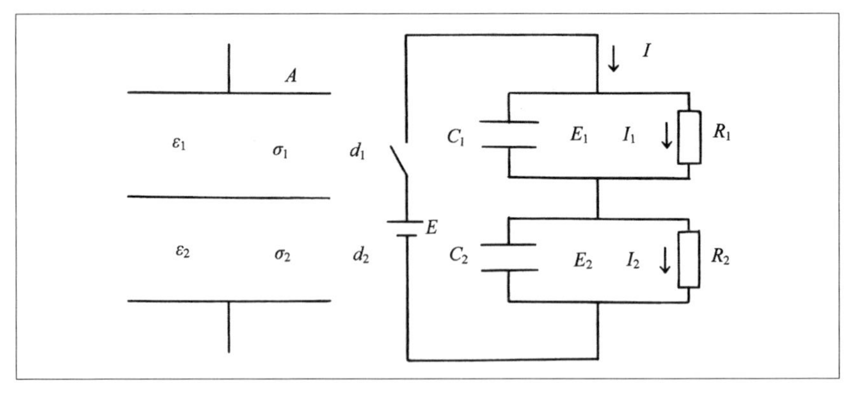

〔図 2.8〕２層コンデンサとその等価回路

$$E_1/E_2=\varepsilon_2/\varepsilon_1 \quad \cdots\cdots (2.54)$$

で与えられ、$t\to\infty$における電界分布は電流一定の条件より

$$E_1/E_2=\sigma_2/\sigma_1 \quad \cdots\cdots (2.55)$$

となる。$t=t$ の過渡的状態のとき電流 I は

$$I=C_1\frac{dV_1}{dt}+\frac{V_1}{R_1}=C_2\frac{dV_2}{dt}+\frac{V_2}{R_2} \quad \cdots\cdots (2.56)$$

が成り立つ。ただし、$V=V_1+V_2$ 。これを V_1、V_2 について解くと

$$V_1=V\frac{R_1}{R_1+R_2}\{1-(1-\frac{C_2R_2}{\tau})\mathrm{e}^{-t/\tau}\} \quad \cdots\cdots (2.57)$$

$$V_2=V\frac{R_2}{R_1+R_2}\{1-(1-\frac{C_1R_1}{\tau})\mathrm{e}^{-t/\tau}\} \quad \cdots\cdots (2.58)$$

ここで τ は緩和時間で

$$\tau=\frac{R_1R_2(C_1+C_2)}{R_1+R_2} \quad \cdots\cdots (2.59)$$

で与えられる。上記の式の C_1、C_2、R_1、R_2 は各誘電層の厚さを d、面積を S とすると

$$C_1=\varepsilon_1 S/d_1 \text{、} C_2=\varepsilon_2 S/d_2$$
$$R_1=d_1/\sigma_1 S \text{、} R_2=d_2/\sigma_2 S \quad \cdots\cdots (2.60)$$

の関係がある。R_1、R_2 を流れる電流の差 I_1-I_2 は

$$\begin{aligned} I_1-I_2 &= \frac{V_1}{R_1}-\frac{V_2}{R_2}=\frac{V}{R_1+R_2}\frac{C_2R_2-C_1R_1}{\tau}\mathrm{e}^{-t/\tau} \\ &= VS\frac{\sigma_1\varepsilon_2-\sigma_2\varepsilon_1}{d_2\varepsilon_1+d_1\varepsilon_2}\mathrm{e}^{-t/\tau} \end{aligned} \quad \cdots\cdots (2.61)$$

となる。$t\rightarrow\infty$ では $I_1-I_2=0$ となり

$$I_1=I_2=\frac{V}{R_1+R_2}=VS\frac{\sigma_1\sigma_2}{d_1\sigma_2+d_2\sigma_1} \quad \cdots\cdots (2.62)$$

となり、導電率のみに依存する電流が流れる。t が有限の場合でも

$$\sigma_1\varepsilon_2-\sigma_2\varepsilon_1=0 \quad \cdots\cdots (2.63)$$

のときには $I_1=I_2$ であるから二層の境界には電荷が蓄積されない。一般には $\sigma_1\varepsilon_2\neq\sigma_2\varepsilon_1$ であるから電荷が蓄積され、時間とともに指数関数的に減少して $t\rightarrow\infty$ で0となる。このときまでに蓄積された電荷 Q は I_1-I_2 の式を積分することにより求められる。

$$\begin{aligned} Q &= \int_{t=0}^{\infty}(I_1-I_2)dt=VS\frac{\sigma_1\varepsilon_2-\sigma_2\varepsilon_1}{d_2\varepsilon_1+d_1\varepsilon_2}\int_{t=0}^{\infty}\mathrm{e}^{-t/\tau}dt \\ &= VS\frac{\sigma_1\varepsilon_2-\sigma_2\varepsilon_1}{d_2\varepsilon_1+d_1\varepsilon_2}\tau \end{aligned} \quad \cdots\cdots (2.64)$$

$\sigma_1\varepsilon_2>\sigma_2\varepsilon_1$ のときには境界に正電荷が、$\sigma_1\varepsilon_2<\sigma_2\varepsilon_1$ では負電荷が蓄積される。

2.3　誘電率の周波数特性

分極には電子分極、イオン分極、配向分極、空間電荷分極の四つがあ

る。物質の比誘電率はこれらの分極によって決まる。分極の種類によって誘電緩和時間は異なる。

２．３．１　電子分極とイオン分極の周波数特性

電子分極とイオン分極の取り扱いは質量の違いを除けば同じである。そこで原子が交番電界中におかれたときの電子の運動方程式は平衡位置からの変位を x として

$$\frac{dx^2}{dt^2}+2b\frac{dx}{dt}+\omega_0{}^2 x=\frac{ZeE_i}{m} \quad \cdots\cdots (2.65)$$

で与えられる。m は電子の質量、速度に比例する制動項 $2b(dx/dt)$ は電子の振動による電磁波放射に基づく損失項、ω_0 は自由振動の共振角周波数を表す。球状電子雲の場合、Z=1、r=10^{-8}(m) とするとこの値は、ω_0=10^{17}(rad/s) となる。これは紫外線の領域にある。電子の自由振動は復元力を $-cx$ とすると電子の線形調和振動子の運動方程式 $d^2x/dt^2=-(c/m)$ であるから、$\omega_0{}^2=c/m$ で与えられる。電子変位による双極子モーメントは Zex に等しいので分極 P_e は $P_e=NZex$ で与えられる。E_i としてローレンツの内部電界を用いると

$$\frac{d^2P_e}{dt^2}+2b\frac{dP_e}{dt}+(\omega_0{}^2-\frac{NZ^2e^2}{3\varepsilon_0 m})P_e=\frac{NZ^2e^2}{m}E \quad \cdots\cdots (2.66)$$

となる。$E=E_0\mathrm{e}^{j\omega t}$ の電界を印加したときの上式の解は

$$P_e=P_0\,\mathrm{e}^{j(\omega t-\phi)}=\frac{NZ^2e^2/m}{\omega_0'^2-\omega^2+j2b\omega}E \quad \cdots\cdots (2.67)$$

で与えられる。ただし、ϕ は制動係数 $2b$ による位相のずれ、また、

$\omega_0'^2=(\omega_0{}^2-\dfrac{NZ^2e^2}{3\varepsilon_0 m})$ である。複素比誘電率 $\varepsilon_r{}^*$ は

$$\varepsilon_r{}^*=1+\frac{P_e}{\varepsilon_0 E}=1+\frac{NZ^2e^2/m\varepsilon_0}{\omega_0'^2-\omega^2+j2b\omega} \quad \cdots\cdots (2.68)$$

$\Delta\omega=\omega_0^{'}-\omega$ を変数にとり、$\omega_0^{'}\cong\omega$、$\omega_0^{'}+\omega\cong 2\omega_0^{'}$ とすると上式は

$$\varepsilon_r^{*}=1+\frac{NZ^2e^2/2m\varepsilon_0\omega_0^{'}}{\Delta\omega+jb}=1+\frac{B}{\Delta\omega+jb} \quad \cdots\cdots\cdots\cdots (2.69)$$

複素比誘電率の実部 $\varepsilon_r^{'}$ および虚部 $\varepsilon_r^{''}$ は

$$\varepsilon_r^{'}=1+\frac{B\Delta\omega}{(\Delta\omega)^2+b^2} \quad \cdots\cdots\cdots\cdots (2.70)$$

$$\varepsilon_r^{''}=-\frac{bB}{(\Delta\omega)^2+b^2} \quad \cdots\cdots\cdots\cdots (2.71)$$

となる。ただし、$B=NZe^2/2m\varepsilon_0\omega_0^{'}$ である。$\varepsilon_r^{'}$ の極大、極小は $\Delta\omega=\pm b$ で、極大値および極小値はそれぞれ $1\pm B/2b$ で与えられる。$\varepsilon_r^{''}$ は共振周波数（$\Delta\omega=0$）で最大値 B/b をとり、$\Delta\omega=\pm b$ でその 1/2 になる。位相角 $\tan\phi$ は

$$\tan\phi=\frac{\varepsilon_r^{''}}{\varepsilon_r^{'}-1}=\frac{b}{\Delta\omega} \quad \cdots\cdots\cdots\cdots (2.72)$$

で与えられ、$\omega\ll\omega_0^{'}$ のとき $\phi=0$、$\Delta\omega=b$ のとき $\pi/2$、$\omega\gg\omega_0^{'}$ のとき $\phi=\pi$ となる。$\varepsilon_r^{'}$、$\varepsilon_r^{''}$、ϕ の周波数特性を示すと図 2.9 のようになる。これを共鳴型分散と呼ぶ。

イオン分極 P_i の周波数依存性は P_e のそれと全く同様に議論することができる。ただ、質量が電子に比べて 10^3 倍ほど大きいことから、イオン分極による共振角周波数は赤外線の領域で現れる。

２．３．２　配向分極の周波数特性

配向分極は、電子分極やイオン分極に比べると永久電気双極子を持つ分子の電界方向への配向には分子間の相互作用や慣性のためかなりの時間を要するので、低い周波数（無線周波数領域）で緩和型分散が起こる。

図 2.10 に誘電体に $t=t_1$ から t_2 の間直流電界 E を印加したときと、取り除き短絡したときの電束密度（分極）と電流の時間変化を示す。$t=t_1$ で瞬時追随できる瞬時吸収電束密度 $D_\infty=\varepsilon_0\varepsilon_{r\infty}E$（または、$P_\infty$ の電子分

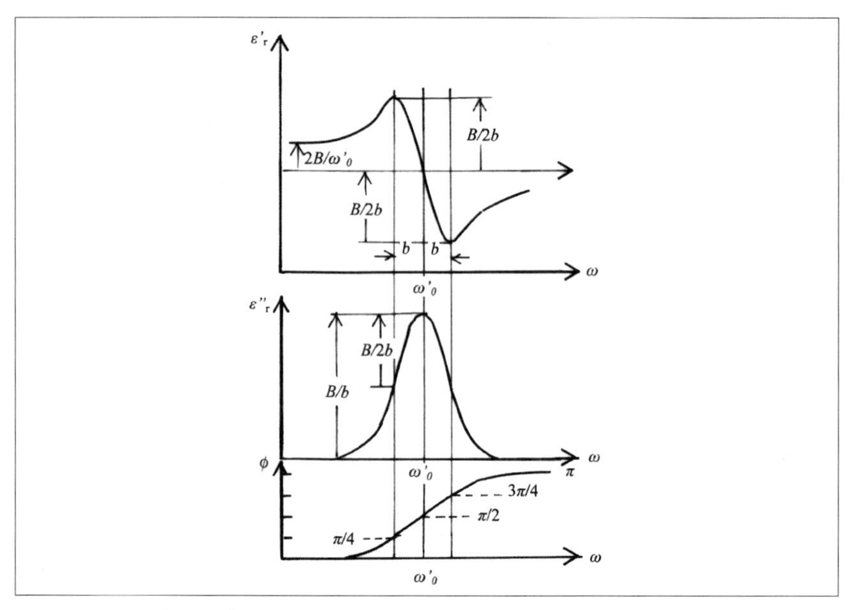

〔図 2.9〕 ε_r'、ε_r''およびϕのω_0'付近の周波数特性

極やイオン分極）が現れる。一方、D_0は、直流での誘電率$\varepsilon_0\varepsilon_{r0}E$により現れる。$D_0-D_\infty$、すなわち、誘電緩和を伴う分極による充電吸収電束密度の変化$D_d(t)$は、

$$D_d(t)=\varepsilon_0(\varepsilon_{r0}-\varepsilon_{r\infty})\,f(t)E \quad \cdots\cdots (2.73)$$

と表せる。ここで、tは時間であり、f(t)は、f(0)=0、f(∞)=1の間を単調に変化する関数である。一方、吸収電束密度Dは、図 2.10 のように、

$$D=D_\infty+D_d \quad \cdots\cdots (2.74)$$

である。

直流電界E_0を印加した直後の電界上昇率がdE/dtで表されるとすると、電流は、dD/dtから、

$$I(t)=\varepsilon_0\,\varepsilon_{r\infty}\,dE/dt+\varepsilon_0(\varepsilon_{r0}-\varepsilon_{r\infty})\phi\,(t)E_0 \quad \cdots\cdots (2.75)$$

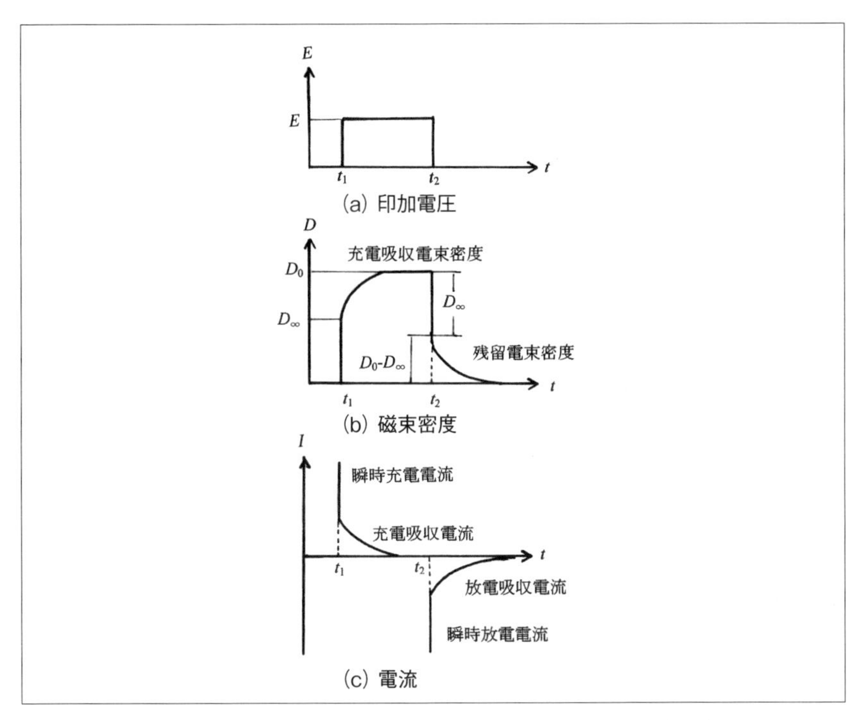

〔図 2.10〕電界印加と電束密度および電流の時間的変化

で与えられる。上式の第 1 項は瞬時充電電流であり、第 2 項は充電吸収電流 I_d である。ここで $\phi(t)$ は、

$$\phi(t)=df/dt \quad \cdots\cdots (2.76)$$

で定義され、

$$\int_0^\infty \phi(t)=1 \quad \cdots\cdots (2.77)$$

の性質がある。この $\phi(t)$ は、誘電余効関数と呼ばれる。

直流電圧が印加された場合の式 (2.75) の電流 $I(t)$ をもとに、交流電界などの時間的に変化する電界が印加された場合の充電吸収電流 I_d を考える。

電界 $E(t)$ が u から $u+du$ の間の微小時間 du だけ誘電体に印加された

とすると、t=u で電界に直ちに追随する部分 $D_{\infty}=\varepsilon_0\varepsilon_{r\infty}E(u)$ の瞬時吸収電束密度および $I_{\infty}=\varepsilon_0\varepsilon_{\infty}dE(u)/dt$ の瞬時充電電流が現れる。t=u 以後の du 間では、時間が短いために D の増加は直線的で、増加量は $E(u)du$ に比例するとしてよい。一方、充電吸収電流 I_{d} は指数関数的に減少していく。t=u+du で電界 $E(u)$ が 0 になると、D の中の $\varepsilon_0\varepsilon_{r\infty}E(u)$ だけが直ちに 0 になり、残った量が指数関数的に減少する。一方、瞬時放電電流が逆方向に現れ、放電吸収電流が指数関数的にゼロに近づいていく。すなわち t=u+du 以後の D および I の変化は、

$$D(t-u)=E(u)f(t-u)\,du \quad \cdots\cdots (2.78)$$

$$I(t-u)=dD(t-u)/dt=E(u)\phi(t-u)\,du \quad \cdots\cdots (2.79)$$

ただし、増加関数 $f(t)$、$\phi(t)$ には、t=u+du での $E(u)du$ に比例する D および I の残存量の比例定数が含まれている。

このような du 時間の電界印加が次々に行われると、ある時刻 t では t 以前の電界印加の効果が重ね合わされ次式で表される。

$$D(t)=\varepsilon_0\varepsilon_{r\infty}E(t)+\varepsilon_0(\varepsilon_{r0}-\varepsilon_{r\infty})\int_0^t E(u)f(t-u)\,du \quad \cdots\cdots (2.80)$$

$$I(t)=\varepsilon_0\varepsilon_{r\infty}dE(t)/dt+\varepsilon_0(\varepsilon_{r0}-\varepsilon_{r\infty})\int_0^t [dE(u)/du]\,\phi(t-u)\,du \quad \cdots\cdots (2.81)$$

ただし du/dt=1 とした。

誘電特性は交流電界を十分長く印加したときを考えるので、t=0 以前の電界印加による部分は f または ϕ の効果で消滅し、上式の積分の範囲を次のように書き直すことができる。

$$D(t)=\varepsilon_0\varepsilon_{r\infty}E(t)+\varepsilon_0(\varepsilon_{r0}-\varepsilon_{r\infty})\int_{-\infty}^t E(u)f(t-u)\,du \quad \cdots\cdots (2.82)$$

$$I(t)=\varepsilon_0\varepsilon_{r\infty}dE(t)/dt+\varepsilon_0(\varepsilon_{r0}-\varepsilon_{r\infty})\int_{-\infty}^t [dE(u)/du]\,\phi(t-u)\,du \quad \cdots\cdots (2.83)$$

これらの式はいかなる波形の電界$E(t)$についても成立するDあるいはIとEの一般関係である。$t-u=x$とおくと、上式は

$$D(t)=\varepsilon_0\,\varepsilon_{r\infty}\,E(t)+\varepsilon_0(\varepsilon_{r0}-\varepsilon_{r\infty})\int_0^{\infty} E(u)\,f(x)\,dx \quad \cdots\cdots\cdots \quad (2.84)$$

$$I(t)=\varepsilon_0\,\varepsilon_{r\infty}\,dE(t)/dt+\varepsilon_0(\varepsilon_{r0}-\varepsilon_{r\infty})\int_0^{\infty} [dE(u)/dt]\,\phi(x)\,dx \quad (2.85)$$

以下に配向分極の誘電率の周波数特性を導く。いま、交流電界を複素表示で

$$E(t)=E_0\exp(j\omega t) \quad \cdots\cdots\cdots\cdots\cdots\cdots\cdots\cdots\cdots \quad (2.86)$$

と表すと、式(2.85)は

$$I(t)=j\omega\,\varepsilon_0\,E(t)\{\varepsilon_{r\infty}+(\varepsilon_{r0}-\varepsilon_{r\infty})\int_0^{\infty}\exp(-j\omega x)\phi(x)\,dx\} \quad (2.87)$$

となる。一方、誘電体を流れる電流Iは、複素誘電率を用いると

$$I=j\omega\,\varepsilon_0\,\varepsilon_r^{*}\,E=j\omega\,\varepsilon_0(\varepsilon_r'-j\varepsilon_r'')E \quad \cdots\cdots\cdots\cdots\cdots\cdots \quad (2.88)$$

と表せる。式(2.87)を上式(2.88)と比較し、さらに、xをtに置き換えると

$$\frac{\varepsilon_r^{*}(\omega)-\varepsilon_{r\infty}}{\varepsilon_{r0}-\varepsilon_{r\infty}}=\int_0^{\infty}\phi(t)\exp(-j\omega t)\,dt \quad \cdots\cdots\cdots\cdots\cdots \quad (2.89)$$

いま、$\phi(t)$が単一の誘電緩和時間τを持っている場合を考える。配向分極の場合、単調増加関数$f(t)$が、

$$f(t)=1-\exp(-t/\tau)$$

であるから$\phi(t)$は

$$\phi(t)=df/dt=\frac{1}{\tau}\exp\left(-\frac{t}{\tau}\right) \quad \cdots\cdots\cdots\cdots\cdots\cdots\cdots\cdots \quad (2.90)$$

となる。上式を式(2.89)に代入すると

$$\frac{\varepsilon_r^*(\omega)-\varepsilon_{r\infty}}{\varepsilon_{r0}-\varepsilon_{r\infty}}=\int_0^\infty \frac{1}{\tau}\exp\{-\frac{1}{\tau}(1+j\omega\tau)\}dt$$
$$=\frac{1}{1+j\omega\tau}[\exp\{-\frac{1}{\tau}(1+j\omega\tau)t\}]_\infty^0$$
$$=\frac{1}{1+j\omega\tau} \qquad \cdots\cdots\cdots\cdots (2.91)$$

ε_r^* の実部 ε_r'、虚部 ε_r''はそれぞれ

$$\varepsilon_r'=\varepsilon_{r\infty}+\frac{\varepsilon_{r0}-\varepsilon_{r\infty}}{1+\omega^2\tau^2} \qquad \cdots\cdots\cdots\cdots (2.92)$$

$$\varepsilon_r''=\frac{(\varepsilon_{r0}-\varepsilon_{r\infty})\omega\tau}{1+\omega^2\tau^2} \qquad \cdots\cdots\cdots\cdots (2.93)$$

となる。図 2.11 に示すように ε_r'は $\omega=0$ では ε_{r0} に等しく、ω の増加とともに減少し、$\omega=\infty$で $\varepsilon_{r\infty}$となる。ε_r''は $\omega=0$ および∞でともに 0 であり、特定の ω の値で最大値を示す。

また、ω を消去すると、

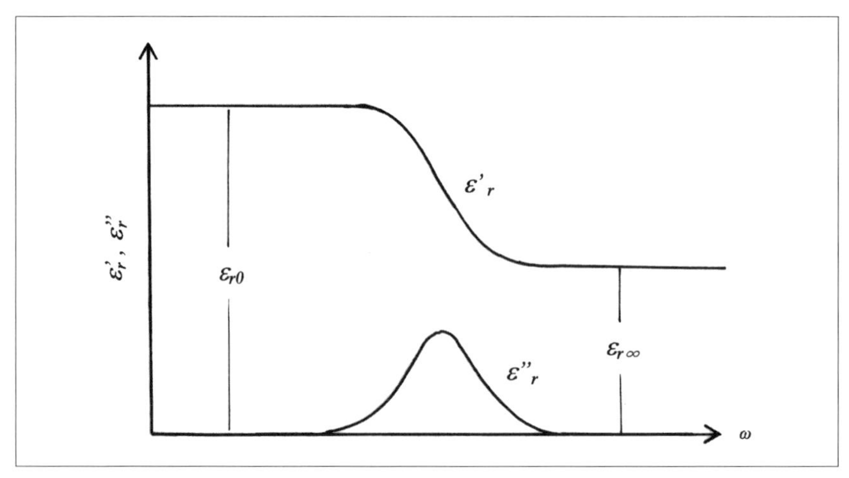

〔図 2.11〕配向分極の ε_r' 、ε_r'' の ω 依存性

$$(\varepsilon_r' - \frac{\varepsilon_{r0}-\varepsilon_{r\infty}}{2})^2 + \varepsilon_r''^2 = (\frac{\varepsilon_{r0}-\varepsilon_{r\infty}}{2})^2 \quad \cdots\cdots\cdots\cdots\cdots\cdots\cdots\cdots \quad (2.94)$$

を得る。

上式はまた、デバイの式と呼ばれ、図 2.12 に示すように ε_r'と ε_r''を変数とする直交座標上で半円を描く（コールコールの円弧則）。

一方、電子分極の場合の複素誘電率の周波数特性は、式（2.70）と式（2.71）ですでに示してあるが、ここでは関数 $f(t)=\gamma e^{-t/\tau}\cos(\omega_o t+\psi)$ を用い､上の配向分極の場合と同様に周波数特性が導けることを簡単に示す。ω_o は電子系の固有振動数である。まず､オイラーの関係より $\cos(\omega_o t+\psi)$ を $\{e^{j(\omega_0+\psi)}+e^{-j(\omega_0 t+\psi)}\}/2$ とする。誘電緩和関数 $\phi(t)$ を $\phi(t)=df(t)/dt$ から求め、式（2.89）に代入し、積分する。途中の計算を省略するが、結果は次式のようになる。

$$\varepsilon(\omega)' - \varepsilon_{r\infty} = \frac{\varepsilon_{r0}-\varepsilon_{r\infty}}{2}\left[\frac{1+\omega_0(\omega_0-\omega)\tau^2}{1+(\omega_0-\omega)^2\tau^2} + \frac{1+\omega_0(\omega_0+\omega)\tau^2}{1+(\omega_0+\omega)^2\tau^2}\right] \quad (2.95)$$

$$\varepsilon(\omega)'' = \frac{\varepsilon_{r0}-\varepsilon_{r\infty}}{2}\left[\frac{\omega\tau}{1+(\omega_0-\omega)^2\tau^2} + \frac{\omega\tau}{1+(\omega_0+\omega)^2\tau^2}\right] \quad (2.96)$$

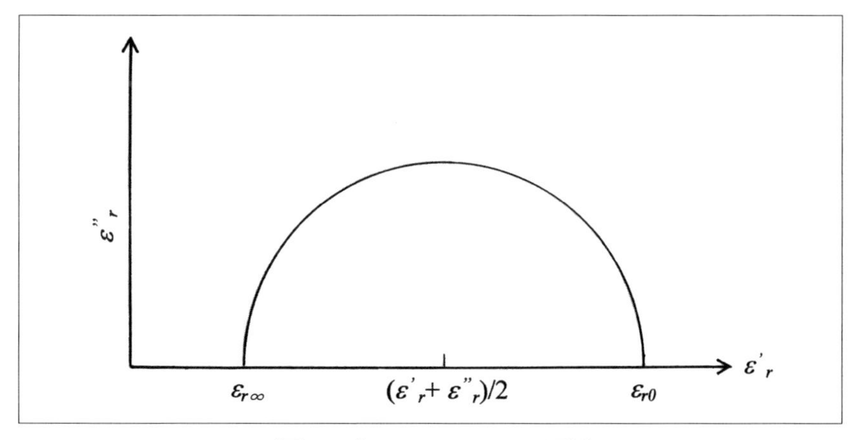

〔図 2.12〕コールコールの円弧

電子分極の大きい特徴は、配向分極とは異なり、ω_0 が大きく $\omega_0\tau \gg 1$ であり、$\Delta\omega = \omega_0 - \omega$ を変数にとり、$\omega_0 \cong \omega$、$\omega_0 + \omega \cong 2\omega_2$ とすると式は

$$\varepsilon(\omega)' - \varepsilon_{r\infty} = \frac{\varepsilon_{r0} - \varepsilon_{r\infty}}{2}\left(\frac{1}{2} + \frac{1+\Delta\omega\omega_0\tau^2}{1+\Delta\omega^2\tau^2}\right) \quad \cdots\cdots (2.97)$$

$$\varepsilon(\omega)'' = \frac{\varepsilon_{r0} - \varepsilon_{r\infty}}{2}\left(\frac{\omega_0\tau}{1+\Delta\omega^2\tau^2}\right) \quad \cdots\cdots (2.98)$$

となる。

2.3.3　界面分極の周波数特性

界面分極は結晶の微視的構造だけでなく、結晶粒の大きさ、分布、粒界の性質などの巨視的構造にも依存し、現象論的には複合誘電体の問題として取り扱える。

交番電界が加えられたとき、図 2.8 の２層コンデンサの等価回路全体のアドミッタンスを Y、複素容量を C^*、複素比誘電率を ε^*、厚さを d、面積を A とすると次式が得られる。

$$Y = j\omega C^* = j\omega\frac{\varepsilon_0\varepsilon^* A}{d} = \frac{(1+j\omega C_1R_1)(1+j\omega C_2R_2)}{R_1+R_2+j\omega R_1R_2(C_1+C_2)}$$
$$= \frac{1}{R_1+R_2}\,\frac{(1+j\omega\tau_1)(1+j\omega\tau_2)}{1+j\omega\tau} \quad \cdots\cdots (2.99)$$

ここで、$\tau_1 = C_1R_1$、$\tau_2 = C_2R_2$、$\tau = \frac{R_1R_2(C_1C_2)}{R_1+R_2} = \frac{R_1\tau_2+R_2\tau_1}{R_1+R_2}$ である。

この式の右辺の分母を有理化し、ε^* を求めると、

$$\varepsilon^* = \frac{d}{A\varepsilon_0}\frac{1}{R_1+R_2}\frac{1}{1+\omega^2\tau^2}\left[\tau_1+\tau_2-\tau+\omega^2\tau\,\tau_1\tau_2-\frac{j}{\omega}\{1-\omega^2\tau_1\tau_2+\omega^2\tau(\tau_1+\tau_2)\}\right] \quad \cdots\cdots (2.100)$$

となる。これより、ε_r' と ε_r'' は

$$\varepsilon_r' = \frac{d}{A\varepsilon_0}\frac{1}{R_1+R_2}\frac{\tau_1+\tau_2-\tau+\omega^2\tau\,\tau_1\tau_2}{1+\omega^2\tau^2} \quad\cdots\cdots\cdots\cdots\cdots\cdots \quad (2.101)$$

$$\varepsilon_r'' = \frac{d}{A\varepsilon_0}\frac{1}{R_1+R_2}\frac{1}{\omega}[\,1+\frac{\omega^2\{\tau(\tau_1+\tau_2)-\tau^2-\tau_1\tau_2}{1+\omega^2\tau^2}] \quad\cdots \quad (2.102)$$

となる。ω=0 および ω= ∞のとき、ε_r'の値をそれぞれ ε_{r0} および $\varepsilon_{r\infty}$ とすると、

$$\varepsilon_{r0} = \frac{d}{A\varepsilon_0}\frac{\tau_1+\tau_2-\tau}{R_1+R_2} \quad\cdots\cdots\cdots\cdots\cdots\cdots \quad (2.103)$$

$$\varepsilon_{r\infty} = \frac{d}{A\varepsilon_0}\frac{1}{R_1+R_2}\frac{\tau_1\tau_2}{\tau} \quad\cdots\cdots\cdots\cdots\cdots\cdots \quad (2.104)$$

で与えられるから、これらを用いて ε_r'、ε_r''を書き表すと、

$$\varepsilon_r' = \frac{\varepsilon_{r0}+\varepsilon_{r\infty}\,\omega^2\tau^2}{1+\omega^2\tau^2} = \varepsilon_{r\infty} + \frac{\varepsilon_{r0}-\varepsilon_{r\infty}}{1+\omega^2\tau^2} \quad\cdots\cdots\cdots\cdots \quad (2.105)$$

$$\varepsilon_r'' = \frac{(\varepsilon_{r0}-\varepsilon_{r\infty})\,\omega\tau}{1+\omega^2\tau^2} + \frac{\varepsilon_{r\infty}\tau}{\omega\,\tau_1\tau_2} = \frac{(\varepsilon_{r0}-\varepsilon_{r\infty})\,\omega\tau}{1+\omega^2\tau^2} + \frac{\sigma}{\varepsilon_{0\omega}} \quad\cdots \quad (2.106)$$

となる。ただし、$\sigma = \varepsilon_0\,\varepsilon_{r\infty}\tau/\,\tau_1\,\tau_2 = d/A(R_1+R_2)$ であり、誘電体の等価導電率である。

式 (2.105) は配向分極に関するデバイの式 (2.92) と形式的に全く同じであり、式 (2.106) は式 (2.92) に導電率の項を付加したものに等しい。したがって界面分極の周波数特性は、定性的に配向分極の場合とほとんど同様であり、ε_r''が ω に反比例する導電率の項を含む点が異なる。図 2.13 にその周波数依存性を示す。

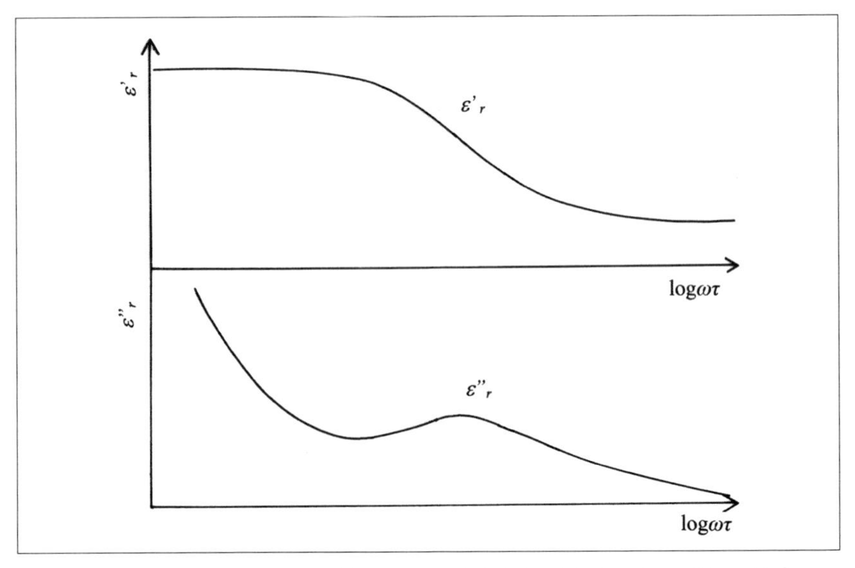

〔図 2.13〕マクスウェルの２層コンデンサの理論による ε_r'、ε_r'' の ω 依存性

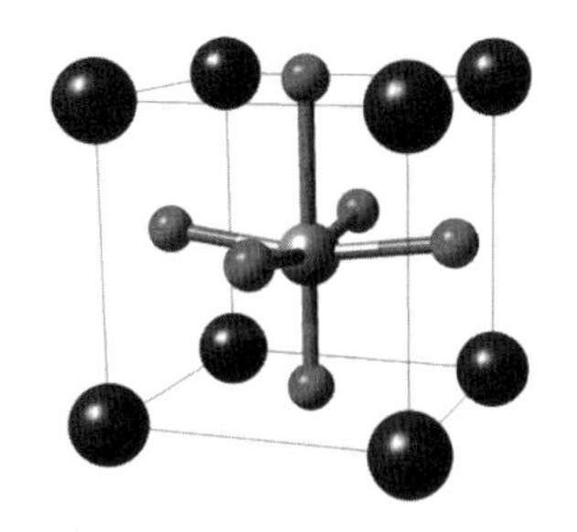

第3章
コンデンサの容量測定方法

測定周波数によって各種の方法がある。一般的に、数 MHz 以下の低周波数ではブリッジ法、数十 kHz から 100MHz では集中定数回路を用いた共振法、100 から 1000MHz では分布定数回路をもちいた共振法、1000MHz 以上の高周波領域では、空洞共振器を用いた共振法や導波管による定在波法などがある。

3．1　交流ブリッジ法

容量などを測定する場合は、一般的にブリッジの平衡条件に周波数が関係しないブリッジ法が都合がよい。しかし厳密にはこれらも周波数特性を有するから、周波数を指定する必要がある。平衡条件に周波数が入らないブリッジの使用においても、残留インダクタンスや浮遊容量があり、ある周波数以外では平行しないことが多く、その影響が少ないブリッジの選択と、電源の波形は高調波成分が極力少ないものがよい。まず、測定に用いられる基本的なブリッジ回路を図 3.1（a）に示す。ここで、DUT は Device Under Test の略で未知の試料である。端子対 aa' には電圧源、bb' には電流検出器 D が接続されている。Z_1、Z_2、Z_3、Z_4 のうち一

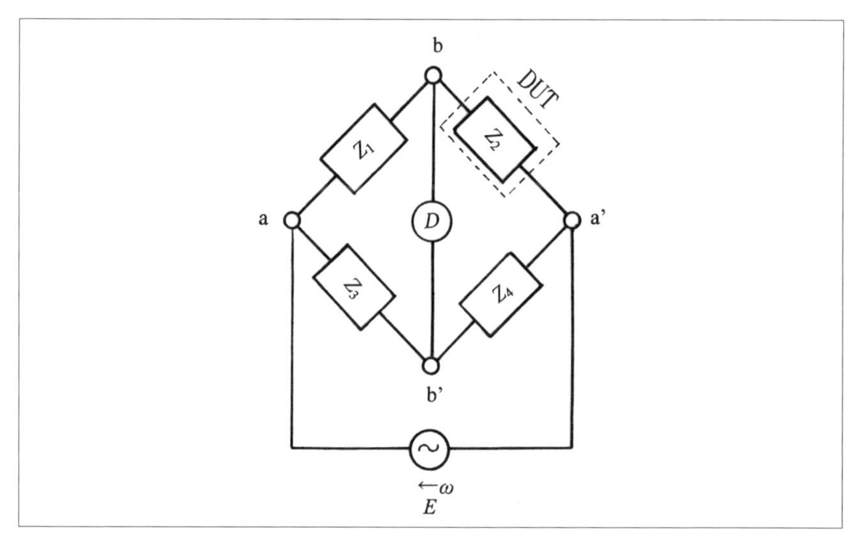

〔図 3.1（a)〕ブリッジ回路

つが測定しようとしているインピーダンス（ここでは、Z_2とする。）であり、残りが全部、あるいは一部が可変となっている。可変なインピーダンスを調節して、検出器Dに電流が流れないようにする。このとき、bb' 間の電圧も0であり、このブリッジが平衡したという。端子a'を基準として端子bとb'の電圧は、それぞれ、$Z_2E/(Z_1+Z_2)$、$Z_4E/(Z_3+Z_4)$となる。したがって、bb'間の電圧が0となるためには、

$$Z_2 E/(Z_1+Z_2)=Z_4 E/(Z_3+Z_4) \quad \cdots\cdots \quad (3.1)$$

でなければならない。この式を整理して次式を得る。これをブリッジの平衡条件という。

$$Z_1 Z_4=Z_2 Z_3 \quad \cdots\cdots \quad (3.2)$$

上式を用いれば、Z_1、Z_2、Z_3、Z_4の内の一つのインピーダンスが未知であっても他のものから求められる。本章ではZ_2を未知としているので式(3.2)から、

$$Z_2=Z_1 Z_4/Z_3$$

となる。Z_1、Z_2、Z_3、Z_4のすべてが抵抗であるブリッジをホイットストンブリッジ（Wheatstone bridge）といい、抵抗の測定によく用いられる。

一般に、ホイットストンブリッジを変形した交流ブリッジが容量測定に用いられる。静電容量を測定する一つの例には図3.1 (b) の回路がある。

$$\left.\begin{aligned}
&Z_1=R_1\\
&Z_2=R_2+1/\mathrm{j}\omega C_2=(1+\mathrm{j}\omega R_2 C_2)/\mathrm{j}\omega C_2\\
&Z_3=R_3\\
&Z_4=R_4+1/\mathrm{j}\omega C_4=(1+\mathrm{j}\omega R_4 C_4)/\mathrm{j}\omega C_4\\
&Z_1\times Z_4=R_1(1+\mathrm{j}\omega R_4 C_4)/\mathrm{j}\omega C_4\\
&Z_2\times Z_3=R_3(1+\mathrm{j}\omega R_2 C_2)/\mathrm{j}\omega C_2
\end{aligned}\right\} \quad \cdots\cdots \quad (3.3)$$

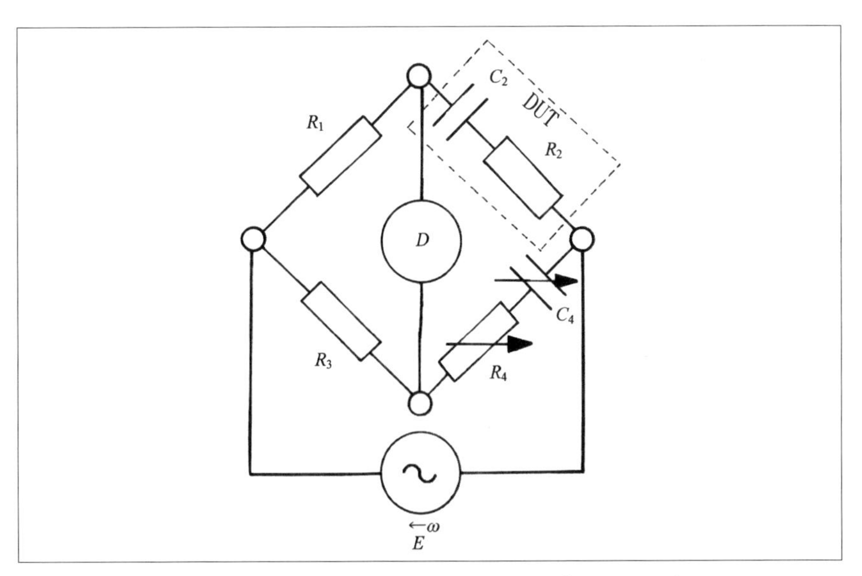

〔図 3.1 (b)〕容量測定に用いられるブリッジ回路

ブリッジの平衡条件 $Z_1 \times Z_4 = Z_2 \times Z_3$ より

$$R_1(1+\mathrm{j}\omega R_4 C_4)/\mathrm{j}\omega C_4 = R_3(1+\mathrm{j}\omega R_2 C_2)/\mathrm{j}\omega C_2$$
$$\therefore C_2 R_1(1+\mathrm{j}\omega R_4 C_4) = C_4 R_3(1+\mathrm{j}\omega R_2 C_2) \quad \cdots\cdots\cdots \quad (3.4)$$

が成立する。この式の実部、虚部を比較して次の式を得る。

$$R_1 C_2 = R_3 C_4 \quad \cdots\cdots \quad (3.5)$$

$$C_2 R_1 R_4 C_4 = C_4 R_3 R_2 C_2 \quad \cdots\cdots \quad (3.6)$$

既知の抵抗 R_1, R_3, R_4 と容量 C_4 のうち可変の R_4 と C_4 を調節して未知の試料の容量 C_2 と抵抗 R_2 を求める。

$$R_2 = R_1 R_4 / R_3 \quad \cdots\cdots \quad (3.7)$$

$$C_2 = C_4 R_3 / R_1 \quad \cdots\cdots \quad (3.8)$$

誘電損失角 $\tan\delta$ は、

$$\tan\delta = \omega C_2 R_2 \quad \cdots\cdots \quad (3.9)$$

である。

その他に容量測定に用いられる交流ブリッジとしてシェーリングブリッジ（Schering Bridge）とウィーンブリッジ（Wien Bridge）がある。

図 3.1（c）のシェーリングブリッジの場合、

$$
\begin{aligned}
Z_1 &= R_1 \\
Z_2 &= R_2 + 1/\mathrm{j}\omega C_2 \\
Z_3 &= 1/(1/R_3 + \mathrm{j}\omega C_3) \\
Z_4 &= 1/\mathrm{j}\omega C_4
\end{aligned}
\qquad \cdots\cdots (3.10)
$$

これよりブリッジの平衡条件は、

$$
\begin{aligned}
R_1/\mathrm{j}\omega C_4 &= (R_2 + 1/\mathrm{j}\omega C_2)/(1/R_3 + \mathrm{j}\omega C_3) \\
&= R_3(R_2 + 1/\mathrm{j}\omega C_2)/(1 + \mathrm{j}\omega C_3 R_3) \qquad \cdots\cdots (3.11) \\
&= R_3(1 + \mathrm{j}\omega C_2 R_2)/\mathrm{j}\omega C_2(1 + \mathrm{j}\omega C_3 R_3)
\end{aligned}
$$

式を整理し、実部、虚部の係数比較から次式を得る。

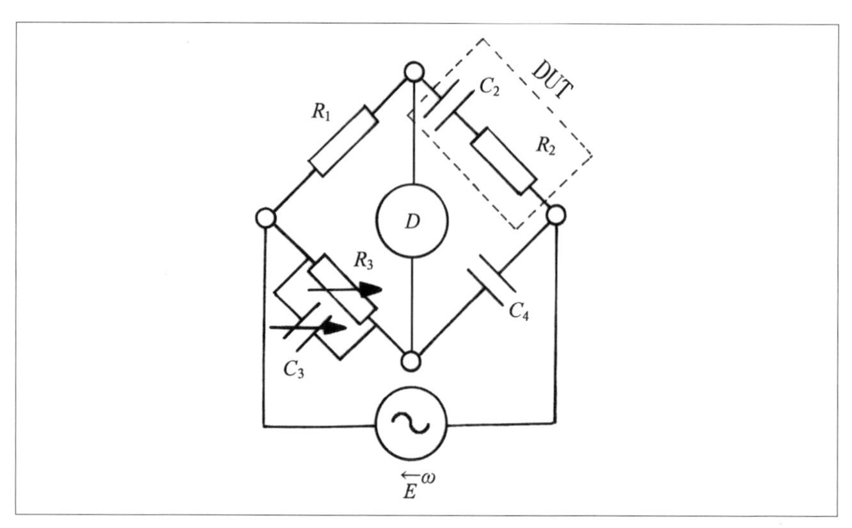

〔図 3.1（c）〕シェーリングブリッジ

$$R_2 = R_1 C_3 / C_4 \quad \cdots\cdots (3.12)$$

$$C_2 = C_4 R_3 / R_1 \quad \cdots\cdots (3.13)$$

このブリッジは、コンデンサの容量および誘電損失角の精密測定用として微小容量から大容量に至るまで広く用いられてきた。

一方、図 3.1 (d) のウィーンブリッジの場合は、

$$\left.\begin{aligned} Z_1 &= R_1 \\ Z_2 &= 1/(1/R_2 + j\omega C_2) = R_X/(1 + j\omega C_2 R_2) \\ Z_3 &= R_3 \\ Z_4 &= R_4 + 1/j\omega C_4 \\ Z_1 \times Z_4 &= R_1 (R_4 + 1/\ j\omega C_4) \\ Z_2 \times Z_3 &= R_2 R_3 /(1 + j\omega C_2 R_2) \end{aligned}\right\} \cdots\cdots (3.14)$$

ブリッジの平衡条件 $Z_1 \times Z_4 = Z_2 \times Z_3$ より、

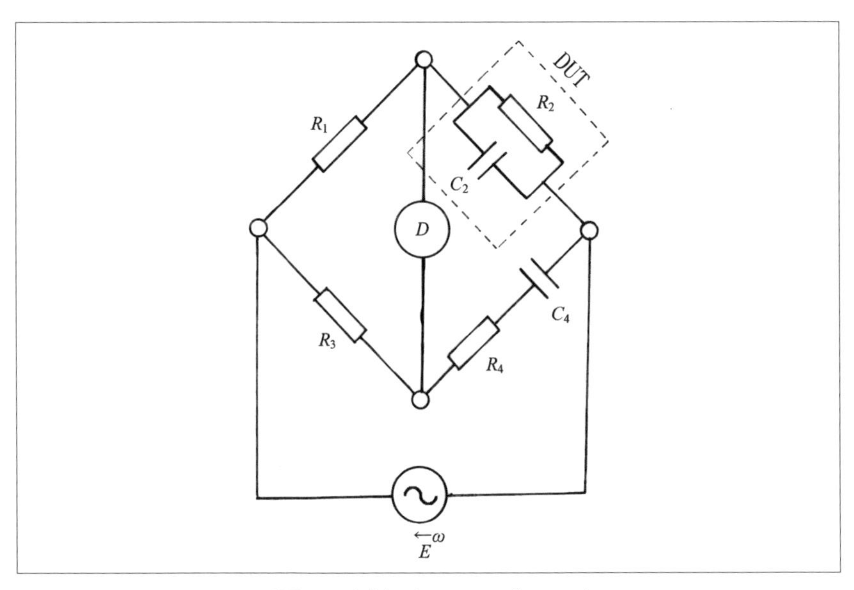

〔図 3.1 (d)〕ウィーンブリッジ

$$R_1(R_4+1/\mathrm{j}\omega C_4)=R_2R_3/(1+\mathrm{j}\omega C_2R_2) \quad \cdots\cdots\cdots\cdots \quad (3.15)$$

が成り立つ。この式より

$$(R_4+1/\mathrm{j}\omega C_4)(1+\mathrm{j}\omega C_2R_2)=R_2R_3/R_1 \quad \cdots\cdots\cdots\cdots \quad (3.16)$$

が導かれるが、この式を整理すると

$$(R_4+C_2R_2/C_4-R_2R_3/R_1)+\mathrm{j}(\omega C_2R_2R_4-1/\omega C_4)=0 \quad (3.17)$$

この式が成り立つためには、実部、虚部がそれぞれ零となり、

$$R_4/R_2+C_2/C_4=R_3/R_1 \quad \cdots\cdots\cdots\cdots \quad (3.18)$$

$$\omega C_2R_2=1/\omega C_4R_4 \quad \cdots\cdots\cdots\cdots \quad (3.19)$$

を得る。これより C_2、R_2 は、

$$C_2=R_3/(\omega^2R_1R_4{}^2C_4+R_1) \quad \cdots\cdots\cdots\cdots \quad (3.18')$$

$$R_2=R_1R_4/R_3+R_1/\omega^2C_4{}^2R_3R_4 \quad \cdots\cdots\cdots\cdots \quad (3.19')$$

ウィーンブリッジは、上式の関係を用いてCR発信器の一部や、周波数ブリッジとしても用いることができる。

これらのブリッジ法は、高精度で測定できるが、平衡をとるための操作が複雑であり、自動化も困難であることから近年あまり使用されず、もっぱら3.3節で述べるオートバランスブリッジ法が*LCR*の測定に用いられる。

3．2　共振法（*Q*メータ法）

3．2．1　共振法の原理

共振法には、周波数変化法と容量変化法の二つがある。

図3.2の*LCR*からなる共振回路に角周波数ωなる電圧Eを加えた場合、電流Iおよび実効値I_eは、

$$I=E/Z=E/(R+\mathrm{j}(\omega L-1/\omega C)) \quad \cdots\cdots\cdots\cdots \quad (3.20)$$

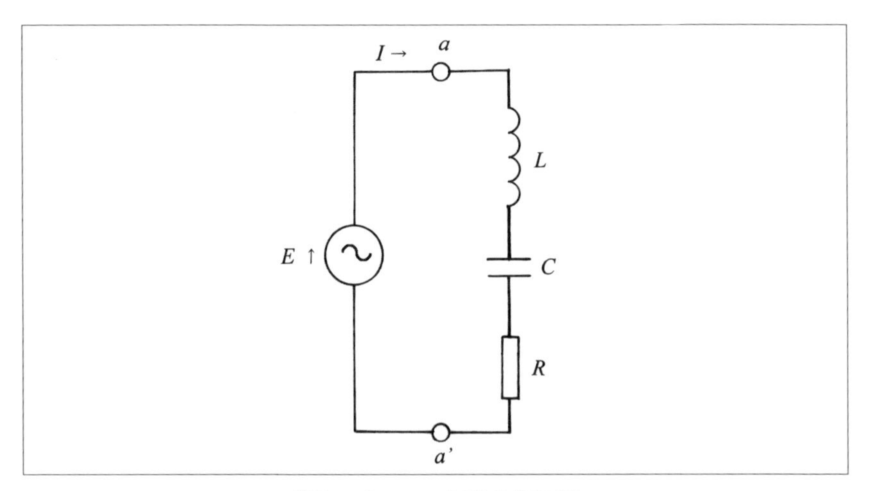

〔図 3.2〕*LCR* 直列共振回路

$$I_e = |E/Z| = E_e/\sqrt{R^2 + (\omega L - 1/\omega C)^2} \quad \cdots\cdots\cdots\cdots \quad (3.21)$$

$$\begin{aligned}\angle I &= \angle E - \angle\{R + \mathrm{j}(\omega L - 1/\omega C)\} \\ &= -\tan^{-1}(\omega L - 1/\omega C)/R\end{aligned} \quad \cdots\cdots\cdots\cdots \quad (3.22)$$

となる。式 (3.21) を用いて電流 I の実効値を角周波数 ω に対して描くと図 3.3 (a) の曲線になる。この曲線は共振曲線と呼ばれ、角共振周波数 $\omega_r = 1/\sqrt{LC}$ のとき、最大値すなわち共振電流 $I_e = E_e/R$ となる。また、式 (3.22) から電流 I の位相角を ω に対して描いてみると図 3.3 (b) のようになり、$\omega < \omega_r$ の範囲では I は E より進み、$\omega > \omega_r$ のとき遅れる。
電流の実効値 I_e がその最大値の $1/\sqrt{2}$ なる角周波数を ω_1、ω_2 とする。ω_1 に対して、次の式が成り立つ。

$$1/\sqrt{R^2 + (\omega_1 L - 1/\omega_1 C)^2} = 1/\sqrt{2}R \quad \cdots\cdots\cdots\cdots \quad (3.23)$$

よって、

$$(\omega_1 L - 1/\omega_1 C)^2 = R^2 \quad \cdots\cdots\cdots\cdots \quad (3.24)$$

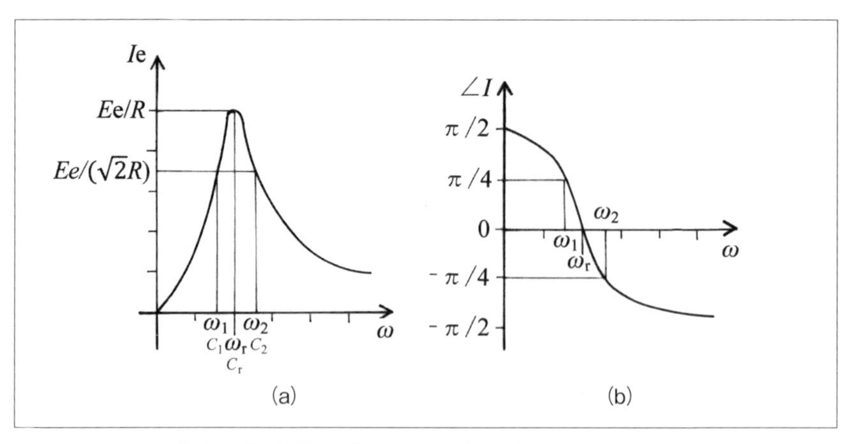

〔図 3.3〕共振回路の電流と位相角の周波数特性

である。ω_2 についても同様にして、

$$(\omega_2 L - 1/\omega_2 C)^2 = R^2 \quad \cdots\cdots (3.25)$$

が得られる。いま、$\omega_1 < \omega_2$ とすると、

$$(\omega_1 L - 1/\omega_1 C) = -R、(\omega_2 L - 1/\omega_2 C) = R \quad \cdots\cdots (3.26)$$

である。R が小さいことを用いれば、

$$\omega_1 \sim 1/\sqrt{LC} - R/2L = \omega_r - R/2L \quad \cdots\cdots (3.27)$$

$$\omega_2 \sim 1/\sqrt{LC} + R/2L = \omega_r + R/2L \quad \cdots\cdots (3.28)$$

を得る。これから

$$(\omega_2 - \omega_1)/\omega_r = R/L\,\omega_r = 1/Q \quad \cdots\cdots (3.29)$$

となる。このように周波数を変えて Q を求める方法を周波数変化法という。

一方、周波数を一定にしておき、コンデンサを変化させ C_r で同調するとして、C を変化させても同様な共振曲線が得られる。これを容量変化またはリアクタンス変化法という。$C_r=1/\omega^2L$ のとき、最大値すなわち共振電流は$I_e=E_e/R$となる。

電流の実効値I_eがその最大値の$1/\sqrt{2}$となるコンデンサの容量をC_1、C_2とする。C_1に対して、次の式が成り立つ。

$$1/\sqrt{R^2+(\omega L-1/\omega C_1)^2}=1/\sqrt{2}R \quad \cdots\cdots (3.30)$$

よって、

$$(\omega L-1/\omega C_1)^2=R^2 \quad \cdots\cdots (3.31)$$

が得られる。C_2についても同様に、

$$(\omega L-1/\omega C_2)^2=R^2 \quad \cdots\cdots (3.32)$$

となる。($C_1<C_2$)とすると、

$$(\omega L-1/\omega C_1)=-R\text{、}(\omega L-1/\omega C_2)=R \quad \cdots\cdots (3.33)$$

$$C_1=C_\mathrm{r}/(1+R/\omega L) \quad \cdots\cdots (3.34)$$

$$C_2=C_\mathrm{r}/(1-R/\omega L) \quad \cdots\cdots (3.35)$$

となる。これよりQは、Rが小さく$R/\omega \mathrm{L} \ll 1$であるとすると、

$$Q=C_\mathrm{r}/(C_2-C_1)=\omega L/2R \quad \cdots\cdots (3.36)$$

である。

これより、容量の変化と電流計のふれから共振回路のQが求まる。

3.2.2　Qメータ法による容量測定

実際に未知の試料の容量を求めるには、図3.4のように被測定試料を共振回路に接続した場合と、接続しない場合との共振容量の変化から求められる。被測定試料を接続した場合と、しない場合とについて、可変コンデンサCの容量を変化させ、回路を共振させ、電圧計の振れが最大になるときのCの値をC_2(F)およびC_1(F)とする。被測定試料のアドミッタンスがωCより大きい場合には図3.4(a)の回路を用いる。低い場合は(b)の方法が適する。

(a)の等価直列リアクタンスに対応した容量C_xは共振条件から

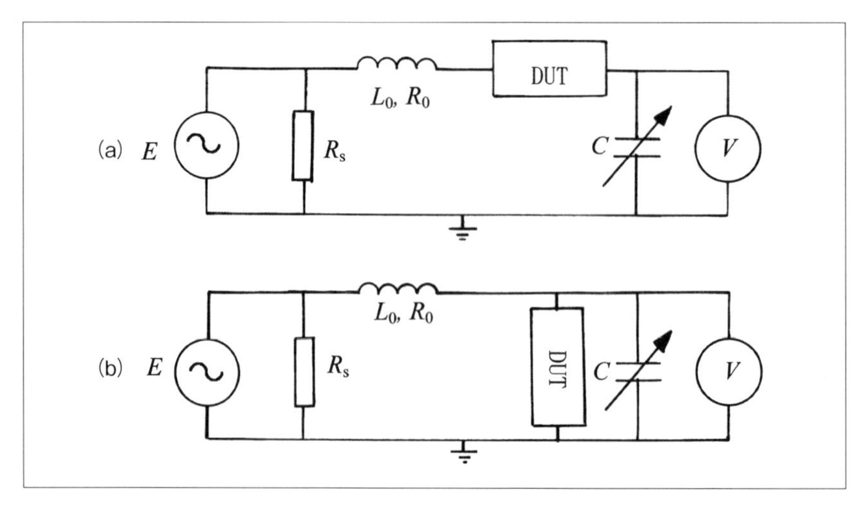

〔図 3.4〕Q メータ法による容量測定

$$C_x = C_1(\mathrm{F})C_2(\mathrm{F})/(C_1(\mathrm{F}) - C_2(\mathrm{F})) \quad \cdots\cdots \quad (3.37)$$

となる。

一方、(b) の等価直列リアクタンスに対応した容量 C_x' は、

$$C_x' = C_1(\mathrm{F}) - C_2(\mathrm{F}) \quad \cdots\cdots \quad (3.38)$$

となる。

ただし、共振法は、高い Q 値を高精度で測定できるが、操作が複雑であり、自動化が難しい。

3．3　I-V 法

図 3.5 は I-V 法の原理図である。DUT に信号を加えたときの電流と電圧およびそれらの位相角を測定し、それから Z_x を計算する。この I-V 法は、以下に示すオートバランスブリッジ法と RF I-V 法に分類される。

3．3．1　オートバランスブリッジ法

LCR メータの代表的な測定方式は自動平衡ブリッジ法であり、その原理図を図 3.6 に示す。高ゲインアンプは、抵抗 R に流れる電流と

DUTに流れる電流が等しくなるように、すなわちDUTのL端側（低電位）が常に仮想接地（電位 =0）となるように、自動的にゲインが調整される。そのときの出力電圧 E_2、帰還抵抗 R_1 および入力電圧 E_1 から DUT のインピーダンス Z_x が求められる。

$$Z_x = R_1 \cdot E_1 / E_2 \quad \cdots\cdots (3.39)$$

$$E_1 = |E_1| \angle \theta_1 = |E_1| \cos\theta_1 + \mathrm{j}|E_1| \sin\theta_1 \quad \cdots\cdots (3.40)$$

$$E_2 = |E_2| \angle \theta_2 = |E_2| \cos\theta_2 + \mathrm{j}|E_2| \sin\theta_2 \quad \cdots\cdots (3.41)$$

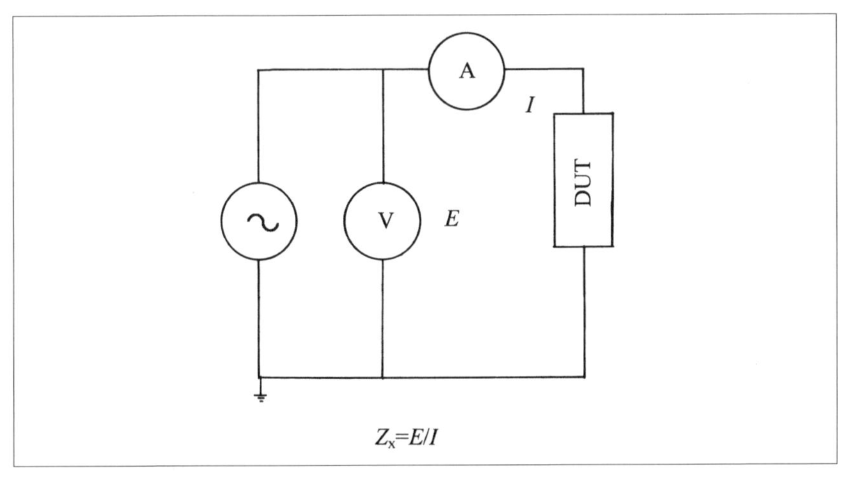

〔図 3.5〕*I-V* 法の原理図

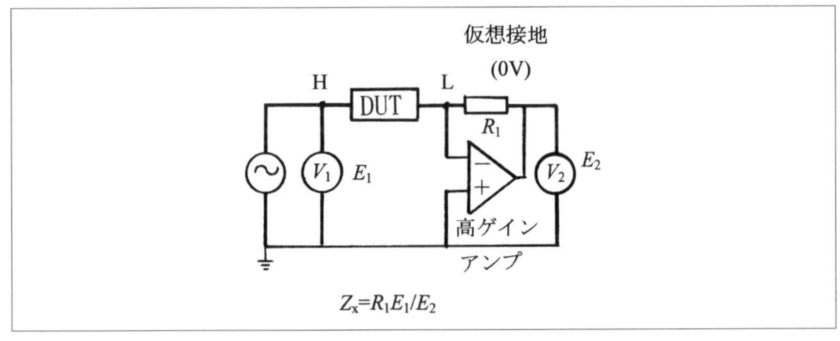

〔図 3.6〕オートバランスブリッジ法

また、このとき、E_1 と E_2 の位相角 θ_1、θ_2 も同時に測定され、位相角と Z_x より抵抗成分 R_x とリアクタンス成分 X_x が計算され、静電容量と誘電正接が求まる。

一般に、*LCR* メータは、内部の電源を保護するために内部抵抗を持っている。この内部抵抗の大小によっては、実際に測定するコンデンサ両端の電圧が降下することになり、正確な静電容量と誘電正接を測定することができなくなる。*LCR* メータによっては、10μF などの大容量品を測定するとき、コンデンサのインピーダンスが極端に低くなるために、指定した測定電圧の印加が不可能になる。実際に、図 3.7 に示す簡単な等価回路を使って説明する。DUT に印加される測定電圧 E_{DUT} は、電源の出力電圧 E_0 を DUT のインピーダンス $Z_x=R+\mathrm{j}X$ と *LCR* メータの持つ内部抵抗 R_{in} で分圧された値となる。DUT に印加される測定電圧 E_{DUT} は、

$$E_{\mathrm{DUT}} = E_0 \times \sqrt{(R^2+X^2)} / \sqrt{\{(R_{in}+R)^2+X^2\}} \quad X = 1/\omega C = 1/2\pi fC \qquad \text{(3.42)}$$

となり、コンデンサの測定電圧は、電源の電圧と異なる。したがって、測定する際は、自動的に測定電圧を設定電圧に保つ機能（ALC）が必要である。

静電容量の測定回路モードには、一般に図 3.8 に示すように並列等価

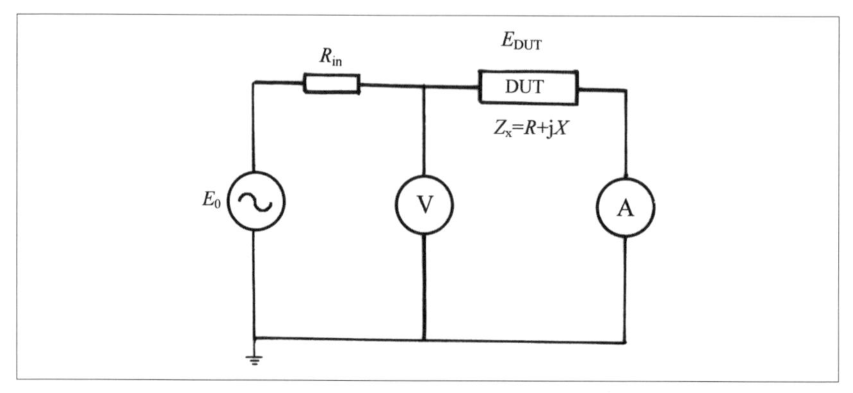

〔図 3.7〕DUT に印加される測定電圧

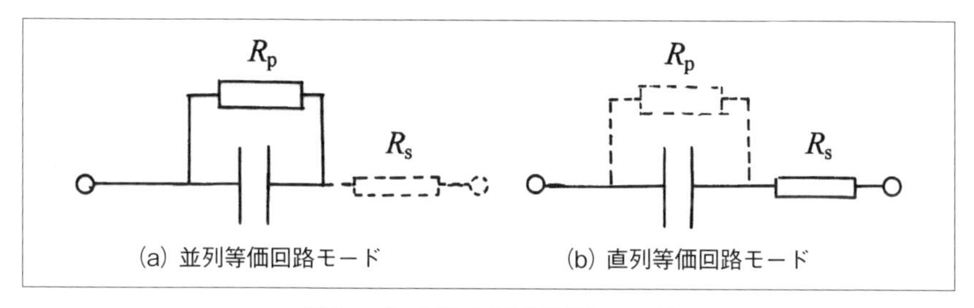

〔図 3.8〕容量の測定回路モード

回路モードと直列等価回路モードの二種類がある。

(a) 小さい静電容量の場合

小さい静電容量は、リアクタンスが大きく、すなわち高インピーダンスとなり、並列抵抗 R_p の影響は直列抵抗 R_s の影響よりも大きくなり、R_s を無視することができ、測定回路は、並列等価回路モードとなる。

(b) 大きい静電容量の場合

大きい静電容量は、リアクタンスが小さく、すなわち低インピーダンスとなり、直列抵抗 R_s の影響は並列抵抗 R_p の影響よりも大きくなり、R_p を無視することができ、測定回路は、直列等価回路モードとなる。

測定可能周波数上限は 110MHz までであるが、それ以下の周波数において広範囲の周波数で正確なインピーダンスが測定できる。

3.3.2 RF *I-V* 法

RF インピーダンス測定法には、ネットワークアナライザの 2 ポートでの S パラメータ法および π ネットワーク法、1 ポートでの反射係数法があり、数 MHz から GHz 帯での測定に用いられている。最新の RF インピーダンス・アナライザで用いられている RF *I-V* 法は、高確度な 1 ポートでのインピーダンス測定を実現した先進の測定法であり、3GHz までの周波数範囲において、高確度かつ、広範囲なインピーダンス測定を実現している。

この方法の原理は、DUT に流れる電流と電圧を直接測定する方法であり、図 3.9 に示すような二つの基本回路（テスト・ヘッド）構成がある。低インピーダンス・タイプは、低インピーダンスの DUT に印加されて

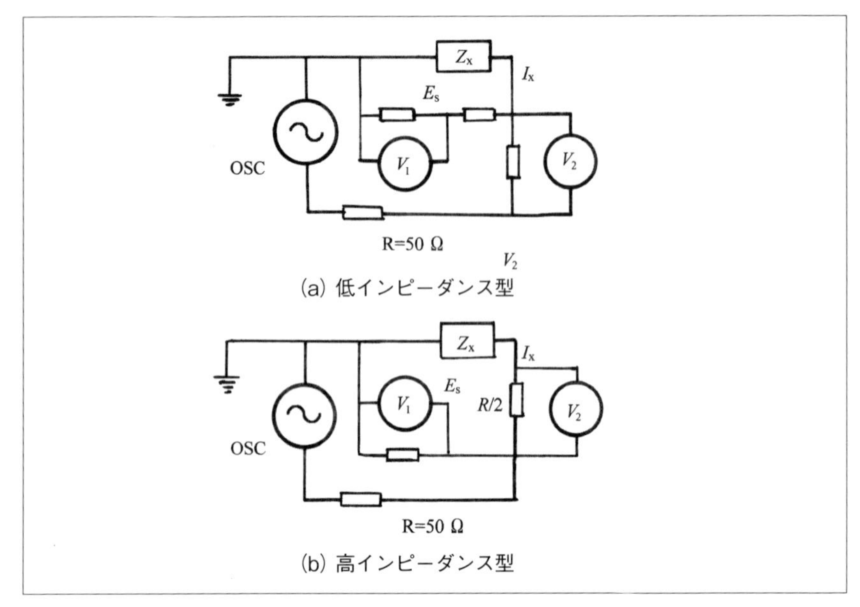

(a) 低インピーダンス型

(b) 高インピーダンス型

〔図 3.9〕RF *I-V* 測定法

いる低いレベルの信号電圧を正確に測定するために、電圧計がDUTの近くにある。これに対して、高インピーダンス・タイプは、高インピーダンスのDUTに流れている低いレベルの信号電流を正確に測定するため、電流計がDUTの近くに配置される。そのため電圧、電流の検出感度を高め、確度の向上が図られている。ベクトル電圧比が広い範囲にわたりインピーダンス値に比例するので、一定の測定感度が得られ、また、ベクトル電圧比の勾配が、高インピーダンス、あるいは低インピーダンス領域においてなだらかになり、測定感度が低下しても、二種類のテスト・ヘッドをインピーダンスに応じて使い分けることにより、二つの測定範囲を補完的にカバーできるようになっている。

高確度、3GHzまでの広範囲周波数領域測定が可能であるが、測定可能下限周波数が高いという欠点がある。

3.3.3　ネットワークアナライザによるインピーダンスの測定法

Sパラメータの測定においては、二つのテスト・ポート間にDUTをシリーズ、またはシャントで接続することができる。Sパラメータ測定におけるベクトル電圧比とインピーダンス特性には、RF *I-V* 法の低インピーダンス、あるいは高インピーダンス･タイプによるものと似ている。これらの測定方法の違いは、電圧比がリファレンス・レベル（0dB）から6dB落ちる点のロール･オフ･インピーダンス値、すなわちZ_rにある。Z_r値が低いほど、高インピーダンス・タイプは低インピーダンス領域においても、優れた測定感度を持つ。Z_r値が高いほど、低インピーダンス･タイプは高インピーダンス領域においても、優れた測定感度を持ち、幅広い測定範囲をカバーできる。Z_r値を比較すると、RF *I-V* 法は、測定感度がほぼ一定のインピーダンス・レンジについてS_{21}測定法よりも優位性がある。S_{11}測定とπ型ネットワーク（伝送）法は、Z_rの値については、RF *I-V* 法と同等である。しかし、S_{11}測定は低インピーダンス測定と高インピーダンス測定の確度においては、校正の不確かさが影響するため不利となる。

3．4　反射係数法

ネットワークアナライザの原理を用い、図3.10に示すようにDUTへの入射波と反射波の関係からインピーダンスを測定する方法である。測定するインピーダンスが特性インピーダンス（Z_0：50Ω）付近の場合、

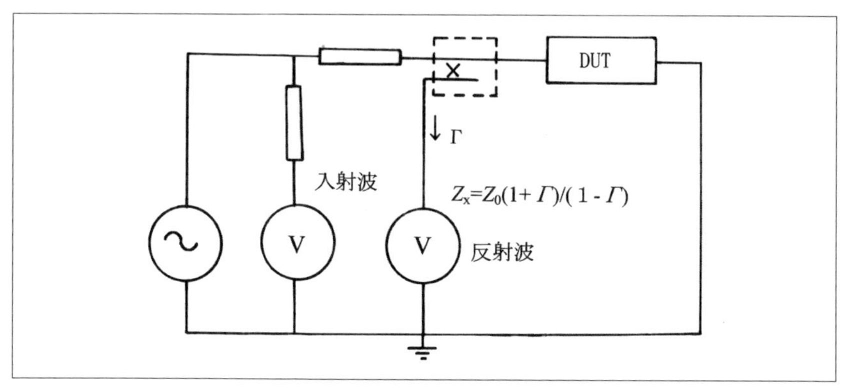

〔図3.10〕反射係数法

わずかなインピーダンスの変化に対しても急激に変化するという欠点を有している。これは反射測定用の方向性ブリッジが50Ωにおいてヌル・バランス・ポイントを持つからである。低インピーダンスや高インピーダンス測定においては、反射係数の曲線勾配が徐々になだらかになるため、インピーダンス測定確度は悪くなる。そのため、GHzの高周波測定が可能であるが、DUTのインピーダンスが測定器の特性インピーダンス50Ωから離れるほど正確度が落ちるため測定レンジが狭いのが難点である。

3.5　高周波誘電体用セラミックス基板の誘電体共振器測定法

空洞共振器測定は、共振器を利用した摂動理論に基づく算出方法である。その一例として図3.11に示す$TE_{01\delta}$・モードの共振系が用いられる。測定誘電体を金属ケース中の支持台に固定して共振系が構成される。測定原理は、このように共振器内に微小な誘電体が挿入されると、図3.12のように共振器内の共振周波数やQ値が試料挿入の前後でわずかに変化する。この共振周波数やQ値の変化量を測定し、材料の誘電率および誘電損失を測定する方法が空洞共振法である。ただし、インデックスcおよび1はそれぞれ、cは空の空洞共振器の場合で、1が試料が挿入された場合で、そのときのQを$Q_c=f_{rc}/\Delta f_c$、$Q_1=f_{r1}/\Delta f_1$で表す。Vは体積とすると、誘電率は、

$$\varepsilon' = (f_{rc} - f_{r1})V_c / 2V_1 f_1 \quad \cdots\cdots (3.43)$$

$$\varepsilon'' = (1/Q_1 - 1/Q_c)V_c / 4V_1 \quad \cdots\cdots (3.44)$$

となる。空洞共振器で算出される誘電率はサンプル全体の平均値である。

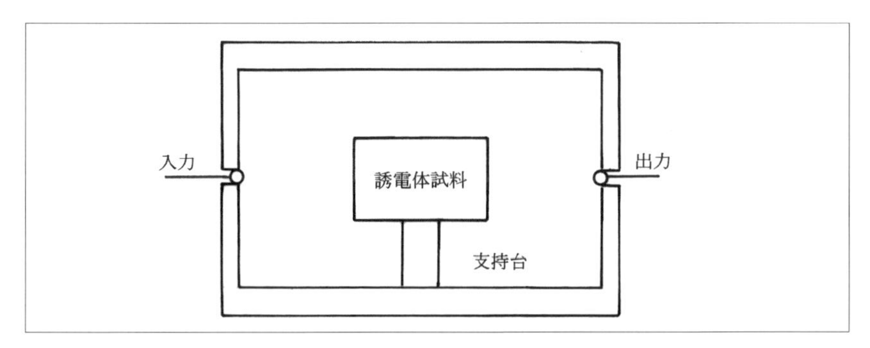

〔図 3.11〕 $TE_{01\delta}$ モード共振系測定装置

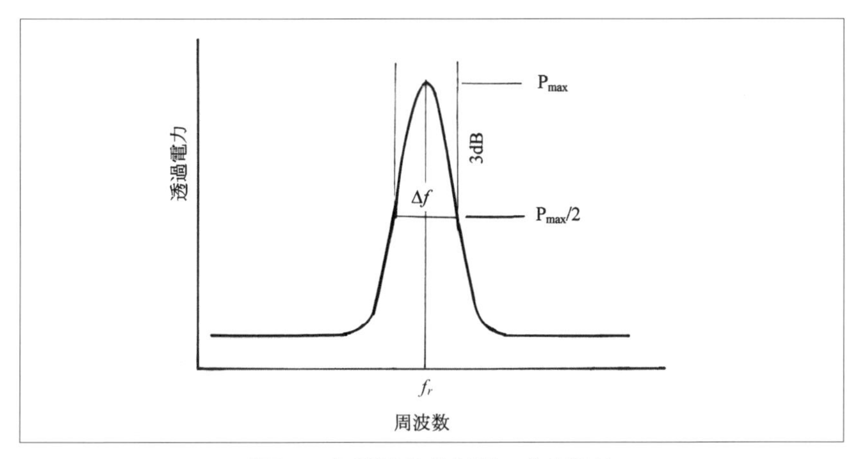

〔図 3.12〕 誘電体共振器の共振特性

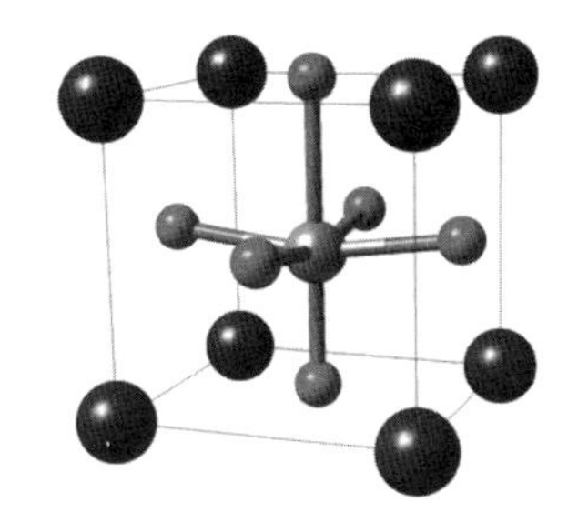

第4章
セラミックスの作製プロセスと材料設計

4.1　セラミックス原料粉体の作製

原料粉末の合成において粒径・粒度分布・不純物量・組成を制御しなければ後の成形、焼成また製品特性に影響を与える。そこで各種合成法について述べる。

4.1.1　固相合成法

固相反応による原料粉体の製造工程を図4.1に示す。成分酸化物を秤量、混合した後、仮焼、その後機械的に粉砕し、微細粉体を得ることで調製されている。混合はボールミルで行い、接触点とその近傍しか反応が進行しないという固相反応法により数回の仮焼と粉砕、混合を繰り返し調整されている。粒子内部まで反応を完全に進行させるには高温で仮焼することが必要になるが、これは粒子間に強い結合を生じさせ、粉砕を困難にし、高活性の微粒子の調整が難しい。一般に機械的粉砕によって1μm以下の微粉体を効率よく得るのは困難であり、その過程により不純物が混入することもある。したがって、適切な仮焼温度、注意深い粉砕、混合のプロセスを検討することが必要となる。

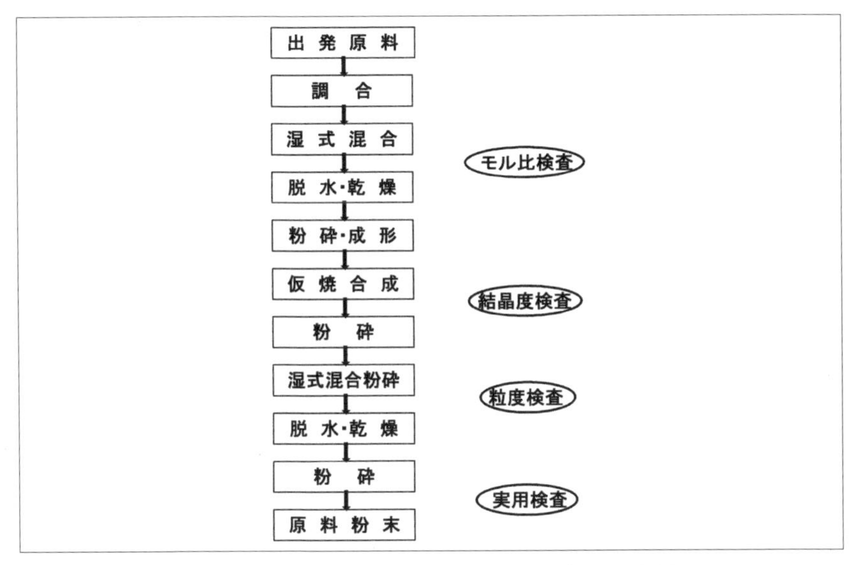

〔図4.1〕固相反応による原料粉体の製造工程図

$BaTiO_3$セラミックス原料粉体の作製の例では、通常炭酸バリウム($BaTiO_3$)と酸化チタン(TiO_2)の等モル比の混合物が用いられる。炭酸バリウムは分子量197.34、毒重石という鉱物名の有毒な白色粉末で、密度は$4.286 \times 10^3 kg/m^3$、常温では斜方晶系(γ)に属し、格子定数はa_0=0.5314nm、b_0=0.8904nm、c_0=0.6430nmである。CO_2中811℃以上で六方晶系(β)、982℃以上では正方晶系(α)が安定となる。1360℃で分解する。塩酸、硝酸、エタノールに溶け、水への溶解度は0.0024g/100ml(20℃)である。

一方、酸化チタンの結晶構造にはアナターゼ型(Anatase、正方晶)、ルチル型(Rutile、正方晶)、ブルッカイト型(Brookite、斜方晶)があるが、この中で実用上重要なものはルチルである。アナターゼ型の酸化チタン(IV)を900℃以上に加熱すると、ルチル型に転移する。また、ブルッカイトを650℃以上に加熱すると、やはりルチル型に転移する。ルチル型は最安定構造であるため、一度ルチルに転移すると低温に戻してもルチル型を維持する。ルチル結晶系は、密度$4.249 \times 10^3 kg/m^3$、白色、格子定数はa_0=0.45936nm、c_0=0.7134nm、融点は1870℃とされている。これらの原料粉末を等モル比に秤量調合、混合、脱水乾燥、仮焼、粉砕して原料粉末を得ている。

４．１．２　液相合成法

(a) 沈殿法

この方法は混合金属塩溶液に沈殿剤を添加し、各成分が均一に混合した沈殿を得て、これを熱分解する方法である。$BaTiO_3$粉体を得る場合には、$BaCl_2$と$TiCl_4$を混合した水溶液にシュウ酸を添加していくとBaとTiイオン比が1：1で原子スケール混合した$BaTiO(C_2O_4)_2 \cdot 4H_2O$が沈殿する。これを以下に示す熱分解により化学量論組成をもつ$BaTiO_3$粉体が得られる。

$$BaTiO(C_2O_4) \cdot 4H_2O \xrightarrow{25℃\sim225℃} BaTiO(C_2O_4) + 4H_2O$$

$$BaTiO(C_2O_4)_2 + 1/2O_2 \xrightarrow{225℃\sim465℃} BaCO_3 + TiO_2 + CO + 2CO_2$$

$$BaCO_3 + TiO_2 \xrightarrow{465℃\sim700℃} BaTiO_3 + CO_2$$

(b) 水熱合成法

オートクレイブにより高温・高圧水溶液中での化学反応を利用したプロセスで、人工水晶単結晶などの材料を合成する方法として知られている。チタン酸バリウムの場合

$$TiO_2 + Ba(OH)_2 \xrightarrow{110℃ \sim 370℃} BaTiO_3$$

が報告されている。

最近、$(K,Na)NbO_3$ 原料粉体テンプレートの作製が著者らによって行われた。水酸化カリウム（KOH）、水酸化ナトリウム（NaOH）、酸化ニオブ（Nb_2O_5）を原材料として、ドデシルベンゼンスルホン酸ナトリウム（SDBS）が界面活性剤として用いられている。K/Na≒1 の粉体を得るためには、原料水溶液の K^+/Na^+ を 1.5～3.5 に、アルカリ総濃度を 1.3～10mol/l にする必要がある。上記の溶液に対し 20～100g/l の Nb_2O_5 粉末を投入し、20 分程度攪拌してからオートクレーブに充填する（体積充填率約 80%）。SDBS の使用量は Nb_2O_5 の 0.5～3wt% である。オートクレーブを高温槽に入れ、反応温度 160～250℃、反応時間 2 時間以上で水熱合成が行われた。生成物を濾過、洗浄、乾燥した後、X 線回折（XRD）、走査型電子顕微鏡（SEM）、赤外分光、熱分析により評価された。XRD 結果により、SDBS を使用しない場合、200℃と 2～12 時間で水熱合成された粉末の XRD パターンは $K_4Na_4Nb_6O_{19} \cdot 9H_2O$（PDF カード #14-0360）という物質と類似した。本節ではこの粉末を 446 結晶と称する。約 14 時間前後から最も安定なペロブスカイト構造が現れ、16 時間後は完全にペロブスカイト構造に変わった。SEM 観察結果、446 結晶粉末の形状は立方体ではなく、結晶水を含む扁平球状の形状を持っている。この 446 結晶粉末の形状を板状に変えるために、界面活性剤 SDBS を投入した。図 4.2 に示すように、SDBS 使用の場合、反応時間を長くしても、ペロブスカイト構造に変化することなく、446 結晶だけを得ることができた。図 4.3 に 200℃と 4 時間で水熱合成された 446 結晶粉末の SEM 写真を示す。板状粉体の厚みが約 150nm、直径／膜厚は 10/1 である。しかし、446 結晶は多量な結晶水を含んでいるので、そのままでは配向セ

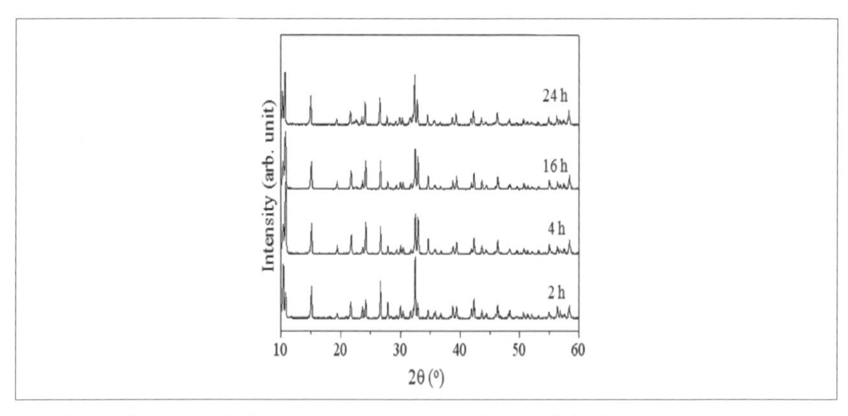

〔図 4.2〕SDBS 投入による (K,Na)NbO_3 水熱合成粉末の XRD パターン

〔図 4.3〕水熱合成された 446 結晶粉末の SEM 写真

ラミックスのテンプレートとしては使えない。熱分析結果、170℃に大きな吸熱ピークがあり、250℃までの重量損失は約 11％にも上る。これは 446 結晶に含まれる結晶水の焼失によるものだと考えられる。このような焼失は密度低減の原因になり、緻密なセラミックスが焼結できない。図 4.4 に熱処理前後の XRD パターンを示す。250℃で結晶水を焼失した後、ペロブスカイト構造のピークが現れ、450℃では完全にペロブスカイト構造に変わった。図 4.5 に 450℃で熱処理した粉末の SEM 写真を示す。ペロブスカイト構造を持つ粉末も板状を保っている。合成された粉末の赤外線分光分析の結果により、わずかな SDBS が検出された。SDBS の表面付着は板状の 446 結晶粉末作製に最も重要なポイントであ

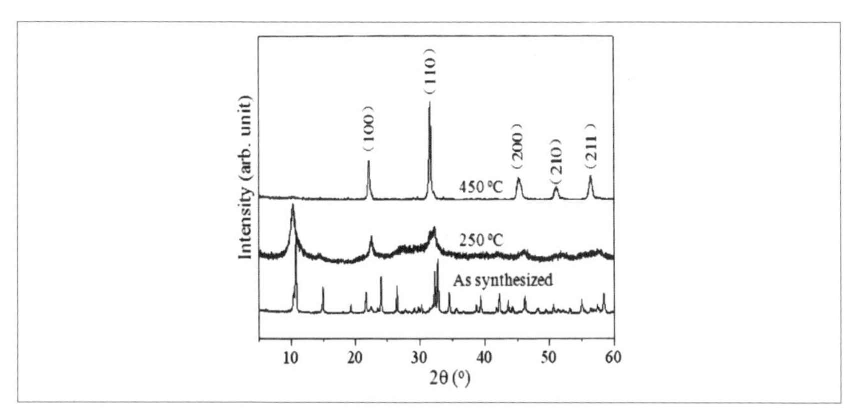

〔図 4.4〕446 結晶の熱処理前後の XRD パターン

〔図 4.5〕熱処理後の $(K,Na)NbO_3$ 粉末の SEM 写真

る。水熱反応の時間を長くする、また反応温度を高くすることにより粒径と厚みが大きくなる。一方、界面活性剤を多く投入すれば、粒子の厚みが薄くなり、細かな粉末が得られる傾向がある。このように、水熱合成法と熱処理の反応条件の調整により、板状粉末の大きさや径厚比を制御することができ、以後の材料・デバイス設計が容易になる。

(c) 金属アルコキシド $M(OR)_n$ 法

金属アルコキシド $M(OR)_n$（M：金属元素、R：アルキルキ）を所定の組成比でアルコールに溶かし、加水分解することによりアルコールと金属酸化物あるいは水和物を得る方法である。ゾル・ゲル法と呼ぶこともある。アルコキシドを原料とするセラミックス作製の特徴は、金属アルコキシドが揮発性で精留、再結晶が容易で高純度のものが得られる、加水分解過程では他の有害な陰イオンやアルカリ金属イオンが不要なので高純度を保つことができる、アルコキシドの置換基、配位子、反応溶媒などを変化させることにより加水分解反応を制御できるので１次粒子の粉体特性を効率よく制御できる、などである。

バリウムイソプロポキシド $Ba(OC_2H_7^i)_2$ とチタニウムイソプロポキシド $Ti(OC_5H_{11})_4$ をイソプロピルアルコール［2- プロパノール（C_3H_8O）］に溶解させ、約２時間還流、反応させる。この溶液に水をゆっくりと滴下させると $BaTiO_3$ の白色沈殿が生成する。その反応式を示す。

$$Ba(OC_3H_7^i)_2 + Ti(OC_5H_{11})_4 + 3H_2O \rightarrow BaTiO_3 + 2C_3H_7OH + 4C_5H_{11}O$$

加水分解反応は $BaCO_3$ の生成を避けるために CO_2 が存在しない雰囲気で行う必要がある。得られる $BaTiO_3$ 粉末は 5～50nm の粒径の揃ったもので、結晶性のよい化学量論的な粉体である。

４．１．３　気相からの粉体の合成法

気相からの粉体合成法についての分類はまだ確立されていないが、以下のように分類できる。蒸発・凝縮法（昇華法）、気相合成法（気相科学反応、化学的蒸着）、気相酸化法、気相分解法（気相熱分解、気相還元）などが挙げられる。この中で気相熱分解法により $BaTiO_3$ の粒径 25nm の超微粉末が得られた。Ba のメチルアルコラートと Ti のブチルアルコラートの混合溶液を O_2 または空気とともにアトマイザで噴霧化し、高温の燃焼室に吹き込むと瞬間的に熱分解して次の反応式で $BaTiO_3$ の微粉末が得られる。

$$Ba(OCH_3)_2 + Ti(OC_4H_4)_4 + 22O_2 \rightarrow BaTiO_3 + 18CO_2 + 21H_2O$$

4.2　原料の調合と混合

4.2.1　調合

原料の重量比を計算し、これを秤量配合することを調合という。純度や含有水分を補正する必要がある。

4.2.2　混合

研究室で少量の原料の混合には、ポリエチレン製のポットに調合原料とアルコールとジルコニアボールを適量入れ、小型ボールミル（微粒子化のため遊星ミルを用いることもある）で回転させることにより粉砕と混合を行うものである。粉砕効率はポットの回転数、ボールの大きさ、量、原料の装填量などによって変わってくる。

4.2.3　脱水・乾燥

ボールミルで所定の時間回転が終わったなら、混合するために使用したアルコールをとばすのに恒温槽内で脱水乾燥を行う。80℃で適当な時間をかける。

4.2.4　仮焼（固相反応）

乾燥後二種類以上の原料を混合し加熱すると、ある温度で膨張、収縮して焼結し、セラミックスというものに変化する。その際、セラミックスのクラックや変形を防止し均質性を高めるために、焼成前に仮焼きという作業を行う。まず粉体を金型で加圧成型する。粉体同士では接触面積が少なく固相反応がしにくかったものが加圧成形することで反応がしやすくするためである。その際、あまり強く加圧すると仮焼き時にクラックが入るので、圧力が約 $1t/cm^2$ となるようにする。粉体を成形後、仮焼き条件をたとえば800℃、2時間とする。

4.2.5　仮焼原料の粉砕

仮焼きした試料から均一な大きさの原料粉末に揃えるため、ふるいにかけながら乳棒と乳鉢で粉砕する。この作業は粉体の均一性を上昇させ、混合効果もある。さらに、細かくするためボールミルで混合した。

4．3　成形と焼成

4．3．1　バインダの混合・造粒

一般に造粒とは、粉状、塊状あるいは液状となっている原料を用い、ほぼ均一な大きさと形を持つ粒子を製造する操作と定義されている。原料粉末にPVA（ポリビニールアルコール）などのバインダと水またはアルコールを適量加え、ボールミルなどでよく混合した後、20～80meshのふるいに通す。この団粒はバインダの粘着力に基づく凝集体である。

4．3．2　成形

ファインセラミックス時代の新しい成形技術には、組織の均一性と緻密さを求め従来の1軸加圧から2軸加圧、ホットプレス、あるいはアイソスタティックプレス（ラバープレスともいう）またはホットアイソスタティックプレス、熱可塑性および熱硬化性樹脂を用いる射出成型、有機質多種類バインダの利用による可塑成形、加圧成形、ドクターブレード法によるテープキャスティングなどがある。

4．3．3　焼成過程

原料粉末を加圧成形後、焼成炉に入れて昇温すると焼結は、まず粒子同士の接点の融着から始まり、次第に融着の面積が広がる。表面張力のために粉体粒子の表面物質拡散は活発化し、粒子間の結合が進む。頸部の形成と成長に伴い粒子間の空隙が開気孔に変わる。第2段階では、成形体全体が収縮を始め、空隙に含まれる気体が開気孔の通路を通って外部へ排出される。粒子間の融着の面積がさらに広がり、空隙部は互いに孤立し、閉気孔として閉じ込められる。焼結の第3段階では閉気孔をなくし、試料を緻密化する。このとき、粒子の成長に伴い気孔が粒界を通して排出されることが理想であるが現実的にはなかなか困難である。また、セラミックスの粒径も大きくなってしまう。成形体に機械的強度を与え、焼結してセラミックスに変わる。焼成過程は、次の4段階に分けられる。$BaTiO_3$ の場合を例に以下に説明する。

①成形した粉体がわずかに直線的に膨張する領域で水分の蒸発やバインダの分解遊離が起こる直線的膨張領域がある。温度は室温から700℃程度である。

②次に700～1100℃の固相反応領域で所望のセラミックスが出現する。

③固相反応を終わってから収縮しはじめ、焼き縮む収縮領域（1100～1360℃）がある。

④最後に結晶粒が漸次成長する粒成長の領域がある。

この全工程を焼成という。焼成の駆動力が粒子の表面エネルギであるので、原料粉体が微細になるほど比表面積が増加して焼成速度が速くなる。原料粉末が微細であると、焼成の際の物質の移動距離が短く、機構も拡散しやすく緻密なセラミックスが得られる。そのため焼結体のセラミックスの物性は、粒界や気孔などを含めた焼結体の微細構造に依存する。結晶粒の粒径 D は、最高温度における保持時間 t_s との間に

$$D-D_0=Kt_s^{1/n}$$

の関係がある。ただし、D_0 は $t_s=0$ の粒径である。正常粒成長の場合は理論的に n=2 となるが、異相微粒子が存在するときの異常粒成長過程では n=3 と言われている。

(a) 普通焼成

通常行われる焼成法の温度上昇プロファイルを図4.6に示す。図中のAの部分は、試料中の水分やバインダなどの有機物を除去するために約500℃で1時間程度温度を一定に保持する過程である。Bの部分は、温

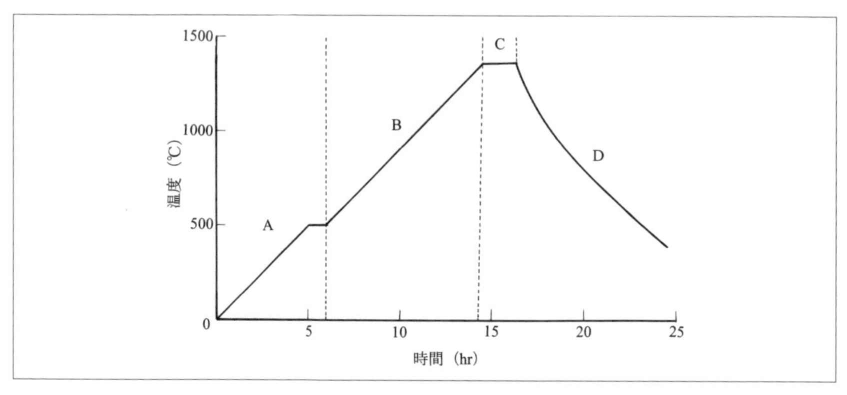

〔図4.6〕セラミックスの普通焼成の温度パターン

度上昇の過程であり、特に試料の膨張、収縮が急激に起こる温度範囲では温度上昇率は慎重に選ばなければならない。図のCの部分は、最高温度保持の部分で通常2～3時間程度保持する。この部分の温度管理は焼成過程中最も重要である。これ以外にも焼成時のガス雰囲気がある。雰囲気は酸化性でなければならず、還元性の場合は半導体化し、絶縁性が低下するかも知れない。最高温度保持後の冷却過程は誘電体の場合にはそれほど特性に与える影響はない。

(b) マイクロ波焼結

新しい焼結方法の一つとしてマイクロ波焼結、マイクロ波とホットプレス法を組み合わせたハイブリッド焼結法が提案されている。マイクロ波は双極子分子との相互作用のみならず固体中の荷電粒子との相互作用により試料を直接加熱することができる。そのためこの方法は従来の抵抗加熱式電気炉のように外部加熱による焼結法と比較して短時間焼結が可能であり、省エネルギであること、組織の微細化による焼結体の強度も向上、急速加熱または内部加熱による緻密化が期待される。抵抗加熱法では外部加熱によるもので、電気炉内の温度を必要な温度まで上げ、その温度で数時間保持し、その後温度を下げる方法であるが外部からの熱で最初に試料表面を加熱し、次に熱伝導により試料内部を加熱していくプロセスで、焼結を終えるのに数十時間必要である。一方、マイクロ波焼結法は、図4.7に示すようにマイクロ波を試料が直接吸収し、内部から発熱するも

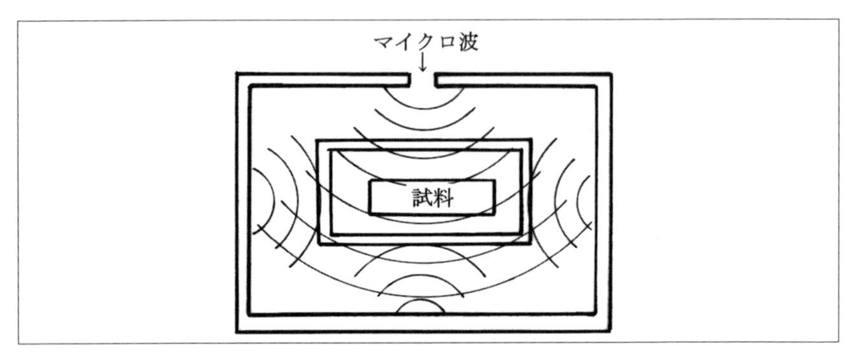

〔図4.7〕内部加熱のマイクロ波焼結

のであり、試料の内部の温度が表面温度より高く、むしろ表面温度は放熱のため冷やされる。マイクロ波焼結炉の一例を図 4.8 に示す。マイクロ波焼結では、従来の普通焼結と比較して粒径サイズが制御され、小さい。これはマイクロ波焼結の熱的効果である内部加熱、急速加熱により粒成長を抑えることができ、圧電性が向上するという報告もある。

(c) 2 段階焼結法

マイクロ波焼結と同じく粒径を小さく制御できる方法として 2 段階焼結法がある。$BaTiO_3$ の例をとり紹介する。

100nm ϕ の水熱合成法で作製された $BaTiO_3$ 原料が用いられた。PVA バインダを混ぜた後、200MPa の圧力で加圧成形する。600℃で 2 時間脱脂後、図 4.9 に示す 2 段階焼結のプログラムで焼結する。室温から 900℃までは試料の大きさに見合う昇温速度で加熱し、900℃から第 1 焼結温度 T_1 までは温度制御された 10℃ /min で昇温する。T_1 で約 1 分間保持した後、30℃ /min で第 2 焼結温度 T_2 に降温し、その温度で本焼成する。一定時間 t_2 で保温し、5℃ /min で 900℃まで温度を下げ、それ以降は試料の大きさに合う速度で室温まで冷却する。

焼結のメカニズムを考えると、高い比表面積を有するナノサイズの粉末原料から微粒子かつ高密度のセラミックスを焼結させるためには第 3

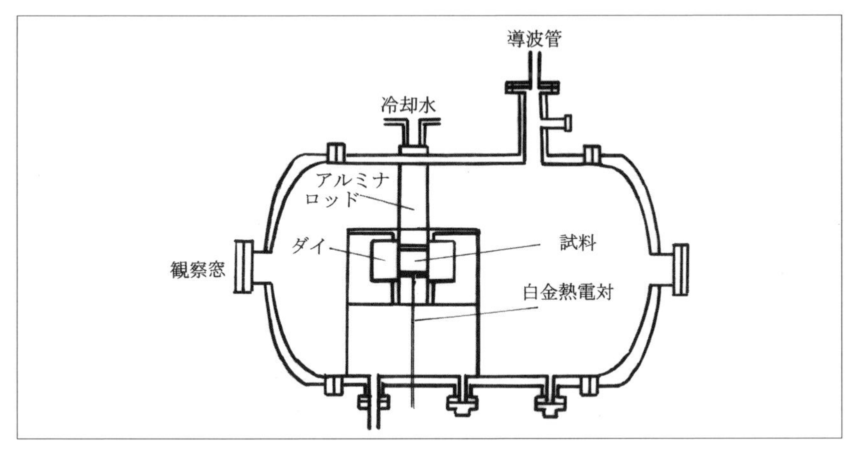

〔図 4.8〕マイクロ波焼結炉の概略

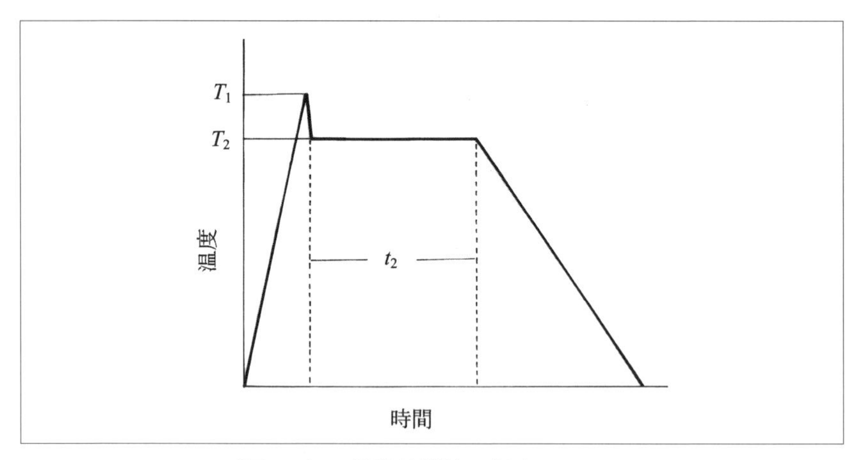

〔図 4.9〕2 段階焼結法の温度パターン

段階の粒子成長を避け、第2段階で焼結を終了させればよい。これが2段階焼結法の真髄である。ナノサイズの粉末粒子が持つ高い表面エネルギを活かし、正確に加熱温度と加熱速度を制御することにより、第一段階終了時の密度は理論密度の92～96％にすることができる。このまま高い温度で焼結を続けると、粒成長が起こると同時に、開気孔が閉気孔に変わる。そのためには第二段階の本焼成温度 T_2 を T_1 より低くすることで粒成長がほとんど起こらないで緻密化でき、微粒子かつ高密度のセラミックスが焼成できる。

4.4　単結晶育成

強誘電体単結晶の代表的材料にニオブ酸リチウム（化学式 $LiNbO_3$：LN と略称）とタンタル酸リチウム（$LiTaO_3$：LT）があり、これらを抜きにしては語れない。まず、これらについて述べ、ついで他の関連ある強誘電体光学結晶を述べる。その中では特に、青色 SHG 用単結晶の中で最も性能指数の高い優れた SHG 結晶であるニオブ酸カリウムリチウム（$K_3Li_2Nb_5O_{15}$：KLN）をここでは取り上げる。

1965 年米国のベル研究所で $LiNbO_3$ 単結晶がチョクラルスキー（Czochralski：Cz）法で引き上げられた。この報告以来数年間、この結晶の構造、誘電、弾性、圧電、光学特性が精力的に調べられ、大きな電気効果、非線形光学効果、圧電効果、焦電効果を示すことから非常に注目を集めた。しかし、この結晶が強いレーザ光に対して光損傷が起きることが見いだされると、優れた光学特性を持った新しい光学材料が探索され、$Ba_2NaNb_5O_{15}$ など、数多くの新しいタングステンブロンズ型複合酸化物単結晶が開発されていった。これまで開発された代表的な光エレクトロニクス用結晶を用途別にして表 4.1 に示す。結晶の育成法には、大きく分けて融体の固化、溶液からの析出、気相からの析出、固相粒子の成長の四種類に分けられる。表 4.2 に代表的な結晶育成法と結晶例を示す。光エレクトロニクス結晶作製法の主流は、シリコン単結晶の育成と同じチョクラルスキー法である。この方法は、回転引き上げ法とも称し、鉛直軸方向に保持した種子結晶の一部をるつぼ中のメルトに浸して馴染ませた後、回転しながら結晶をゆっくり引き上げる方法であり、創始者 Czochralski（1918）の名を冠して一般にこう呼ばれている。この方法は Si 半導体、GaAs などの化合物半導体から酸化物、フッ化物まで高品質結晶作製法としてこれまで数多くの実績がある。この方法は、育成結晶がるつぼに接触していないのでるつぼの熱収縮の影響を受けない、育成結晶の状態を観察しながら育成できる、種子結晶を選ぶことにより任意

〔表 4.1〕光学用結晶

固体レーザ結晶	Cr^{3+} : Al_2O_3, Nd^{3+}YAG, NdP_5O_{14}, $LiNdP_4O_{12}$
電気光学効果	$LiNbO_3$, $LiTaO_3$, $K_3Li_2Nb_5O_{15}$, $Ba_2NaNb_5O_{15}$, SBN, KTN, DKDP
非線形光学効果	$LiNbO_3$, $Ba_2NaNb_5O_{15}$, $KNbO_3$, $K_3Li_2Nb_5O_{15}$, $Ba_2LiNb_5O_{15}$, $LiIO_3$, HIO_3, KDP, $KTiOPO_4$, $\beta-BaB_2O_4$, LiB_3O_5, $Li_2B_4O_7$
音響光学効果	$PbMoO_4$, TeO_2, HIO_3, $LiTaO_3$, $LiNbO_3$, As_2Se_3
空間光変調素子	$Bi_{12}SiO_{20}$, $Gd_2(MoO_4)_3$, $Pb_5Ge_3O_{14}$

〔表 4.2〕結晶育成法

チョクラルスキー法	$LiNbO_3$, $LiTaO_3$, BNN, SBN, YAG, TeO_2, BLN, $Li_2B_4O_7$
キロプロス法	$KNbO_3$, KTN, KLN
水溶液法	KDP, DKDP, HIO_3, TGS, ADP
水熱合成法	KTP, SiO_2
フラックス法	KTP
トップシード法	BBO, LiB_3O_5, $BaTiO_3$

の育成方位を持った結晶が得られる、比較的短時間で大型の結晶が得られるなどの特長がある。一方、メルトから直接固化により結晶ができる物質（コングルエントメルト）に限られる、るつぼからの不純物混入の問題は不可避である、比較的蒸気圧の低いメルトを持つものに限られる、育成できる結晶の種類はるつぼの材質、融点により制約されるなどの欠点がある。チョクラルスキー法の重要なパラメータは、るつぼの形状、単結晶の直径、育成速度、種子回転速度、るつぼ回転数、固液界面形状、炉内温度分布、融液内の温度分布、融液の粘性、引き上げ方位、雰囲気、冷却時間、ADC の制御方法などである。

強誘電体光学結晶の中心的材料である LN と LT はともに、1949 年に Matthias と Remaika によってフラックス法で初めて単結晶が合成され、それらの強誘電性が報告された。どちらもイルメナイト構造をしており、室温で空間群 R3c の三方晶系に属す。1965 年に Ballman らにより引き上げ法で大型単結晶が育成された。LN および LT 単結晶は 1978 年頃から表面弾性波（SAW）デバイスとして実用化され、現在直径 3～4 インチの結晶が容易に入手可能である。LN はテレビ、ビデオのフィルタとして中心的存在である。一方、LT は移動体通信用 SAW フィルタとして現在主役を演じている。光エレクトロニクスの進展に伴い、これら結晶の光学的高品質大型結晶育成技術の確立が進んでいる。光学結晶研究会は光学用 LN の仕様として次の５点を挙げている。結晶として、(1) コングルエントメルト（完全溶融）組成、(2) Li 濃度の変動率が 0.01mol% 以下、(3) X 線透過トポグラフが均一・無歪みであること、(4) X 線ロッキングカーブの半値幅が 6 秒以下、(5) 酸素濃度の最適制御などが重要である。しかしながら、最近コングルエントメルトよりはストイキオメトリー（化学量論）組成のほうが欠陥も少なく光学的にも優れていることが明らかにされつつある。

これまで光変調、光スイッチ、波長変換、体積フォログラムなどの光機能素子へ応用する研究も、長い歴史と膨大なデータの蓄積がある。LN を用いた光デバイスはいくつか実用化されてきたが、しかし、SAW フィルタに用いられているこれらの材料をそのまま光機能素子材料として利用するには色々と問題がある。最近の光情報技術の発達は、材料に求める仕様も非常に厳しいものとなってきている。10GHz 以上の高周波仕様の光変調素子、周期的分極構造による擬似位相整合（QPM）波長変換素子の短周期分極構造作製、光損傷の問題解決、フォログラムへの応用における結晶の高感度化など、解決すべき問題が現状の LN、LT にある。これまで SAW デバイスなどで開発されている LN、LT のチョクラルスキー単結晶育成方法では、育成する結晶と融液の組成が一致していないと均一な単結晶はできない。一方、市販の LN、LT 単結晶はコングルエントメルト（完全溶融）組成に近いものである。コングルエントメルト組成は、Nb あるいは Ta 成分が過剰で、Li：Nb 比あるいは Li：Ta 比がおよそ 48.5：51.5 にあり、それらの融点は 1253℃、1650℃である。このコングルエントメルト組成では、数％に達する Nb あるいは Ta 過剰イオンが Li イオンを置き換えているし、Li イオンサイトには空位の欠陥をもたらしている。この影響は LN、LT を光機能素子として応用する場合には無視しえない。さらに、図 4.10 に示すように、LN では

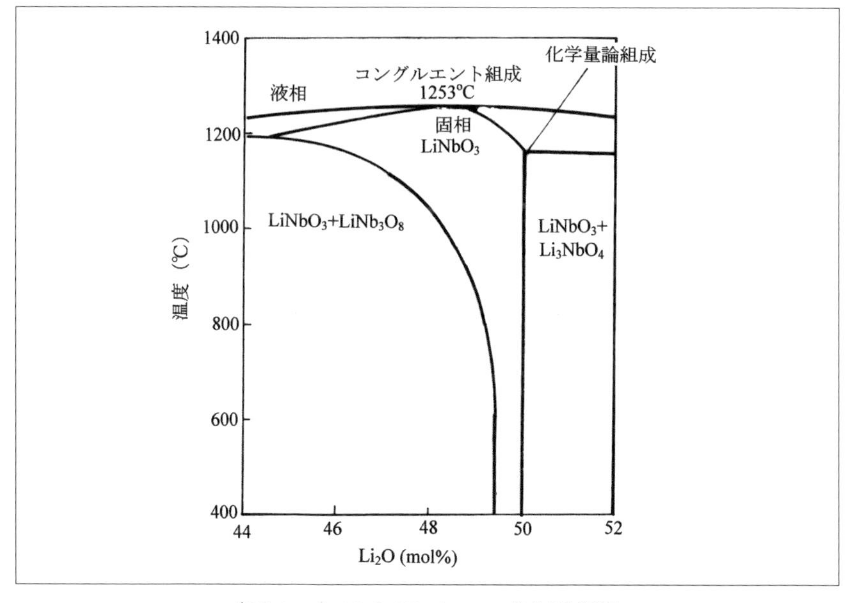

〔図 4.10〕Li_2O-Nb_2O_5　2 成分系相図

α-$LiNbO_3$ 相と $LiNb_3O_8$+ α-$LiNbO_3$ 共晶域との固溶温度曲線が急激に曲がっている。そのため、最高融点で育成したコングルエントメルト結晶は必ず冷却過程でこの固溶曲線を横切る。通常の結晶育成ではあまり問題にならないが、Ti 拡散や分極反転などの高温で長時間熱処理する必要がある場合などに、$LiNb_3O_8$ の微小析出が生じて光散乱中心になったりすることもある。また、光損傷を抑えるために、5mol%MgO の均一ドーピングが試みられているが、5mol% の添加量はかなり大きく、均一に添加すること、育成後に単一分域化するのはむずかしい。これらの対策としては、連続チャージ二重るつぼチョクラルスキー法で、組成をストイキオメトリー（化学量論比）近くにして、MgO を低濃度（1mol%）にした結晶が光損傷、光学歪みの面で最も性能がよいことが報告され、大型化、実用化の検討が行われている。LT は LN と同じく優れた光学特性を示し、これまで、圧電・焦電・光学の分野で活発に研究され実用化されてきた。LT は 1650℃でコングルエントメルトするが、LNに比べて400℃融点が高い。そのためイリジウムるつぼが用いられる。LT は LN と比べると光損傷を受けにくいので MgO をドープする必要はない。

一方、タングステンブロンズ型構造有する $K_3Li_2Nb_5O_{15}$（KLN）は 1967年、Van Uitert などにより報告された光損傷に強い強誘電体材料で、電気光学効果および非線形光学効果の大きい光学結晶である。吸収端が 376nm と透明波長領域が広いこと、また、室温での広い非臨界位相整合特性などから。青色の第 2 高調波発生（SHG）用結晶として有望であった。

4．4．1　ストイキオメトリー（化学量論比）組成 LN、LT 単結晶の連続チャージ二重るつぼ法による育成

LN､LT のコングルエントメルト組成は Nb および Ta 成分過剰にある。これに対してストイキオメトリーに近い組成の LN、LT は Li 過剰組成の融液と共存する。残念ながら、従来のチョクラルスキー法では、このような Li 過剰の溶液から結晶を引き上げると、溶液組成はますます Li 過剰となり、最終的には共晶点を超えてしまい単結晶育成は不可能にな

る。この問題を解決するために、原料供給を伴う連続チャージ二重るつぼ法が古河らによって開発されている。その育成装置の概略を図 4.11 に示す。単結晶は内側溶液から育成され、育成された結晶の同量の化学等量組成の粉末が外側溶液に自動的に原料供給装置から供給される。これによって、るつぼ内の溶液量は一定に保たれ、育成される結晶と溶液の組成が違っていても結晶の組成は、ほぼ化学量論比で均一となる。育成された LN および LT のキュリー (Curie) 温度 T_c は、それぞれ 1200 と 690℃であり、化学量論比組成の焼結体試料とほぼ同じ値を示す。市販のコングルエントメルト組成の単結晶の T_c は、おおよそ 1140 と 600℃である。図 4.12 は、コングルエントメルトおよびストイキオメトリー組成の LT の自発分極と電界のヒステリシス曲線である。以後それらを C-LT、C-LN および S-LT、S-LN で表す。C-LT の場合、分極反転に要する電界は 20-22kV/mm である。S-LT では、10 分の 1 の 2kV/mm の低い電

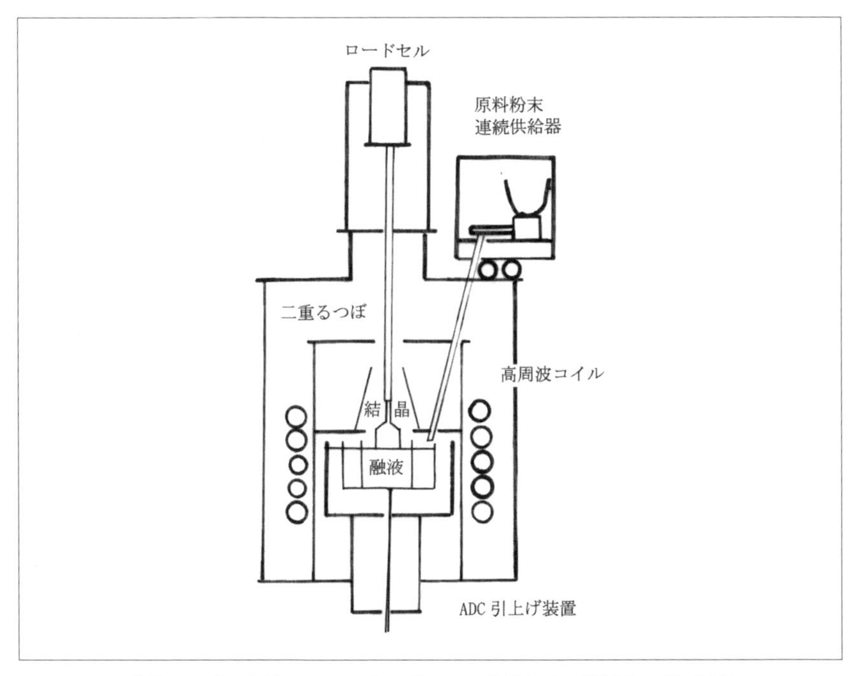

〔図 4.11〕連続チャージ 2 重るつぼ引き上げ装置の概略図

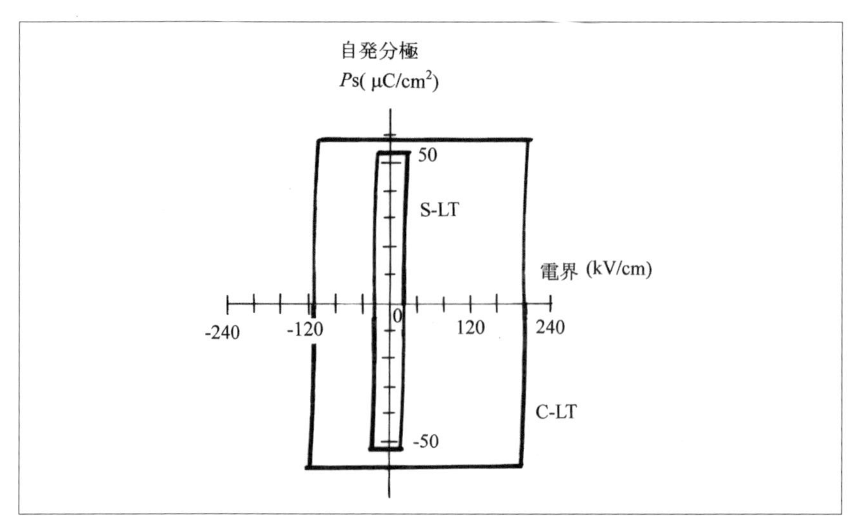

〔図 4.12〕C-LT および S-LT の自発分極の電界依存性

圧で分極反転ができる。また、C-LT では、ヒステリシス曲線は非対称的で 4kV/mm の内部電界が発生している。一方、S-LT では、対称的であり内部電界もゼロである。しかも、分極反転操作は、極めて可逆的で、短時間で反転したドメインを安定化できる。LN においても S-LN に近づくにつれ分極反転電界および内部電界は低下する。いまのところ分極反転電界 4kV/mm の値が得られている。これにより擬似位相整合法（QPM）を利用した光機能デバイスの作製が容易になると考えられる。

4．4．2　$K_3Li_2Nb_5O_{15}$（KLN）単結晶の連続チャージ２重るつぼ法による育成

$K_3Li_2Nb_5O_{15}$（KLN）単結晶は非コングルエントメルトからの育成であるため、チョクラルスキー法で育成した場合、育成された結晶内に組成の変動が起こり、大型の結晶育成が困難である。高純度の原料 K_2CO_3、Li_2CO_3、Nb_2O_5 を調合・混合して、900℃で３時間仮焼きをした後、約 100ml の白金るつぼに詰め、高周波加熱式チョクラルスキー法を用いて、結晶育成を行った。育成方位は〈110〉、引き上げ速度は 3mm/h、軸回転速度は 35rpm、育成後の冷却時間は約 24 時間であった。融液組成

(0.342/0.175/0.483) および (0.348/0.187/0.465) から育成された結晶Aおよび B の組成および諸特性を表4.3に示す。

育成中および冷却中には、クラックやインクルージョンが発生しやすく、特に底部から発生したクラックが多かった。対策として次のことを注意しながら育成を行う必要がある。

①種子付き後、十分に安定してから引き上げをすること。

②肩成長を緩やかにすること。

③胴体部育成中に炉内温度を安定すること。

④底部を細く絞ってから融液から切り離すこと。

特に4番目はKLN単結晶育成に特有なことである。普通に絞らずに育成後結晶を融液から切り離すとき、結晶化されていない融液一滴が結晶の底部に付着している。この一滴の融液が冷却中に相転移し、大きな体積変化が起こるため、そこからc面に平行なクラックが発生する。底部を細く絞ることにより。融液が付着せずに切り離すことができる。チョクラルスキー法で育成された結晶は、薄黄色透明で、胴体部の長さ約

〔表4.3〕 $K_3Li_2Nb_5O_{15}$ 単結晶の組成と特性

	Sample A	Sample B
Melt composition	0.342/0.175/0.483	0.348/0.187/0.465
Crystal composition	0.310/0.140/0.550	0.315/0.150/0.535
Curie temperature [a)]	370℃	436℃
Latice constant	a=12.5Å	
	c=3.97Å	
Dielectic constant (at room temperature)	ε_{33}=145	ε_{33}=86
Electrooptic constant [b)]	r_{13}<2pm/V	r_{13}=8±2pm/V
	r_{33}=35±5pm/V	r_{33}=66±5pm/V
		r_{42}=87±5pm/V
Absorption edge	376nm	376nm
Absorption at 400nm	2.4cm^{-1}	1.0cm^{-1}
at 420nm	0.8cm^{-1}	0.3cm^{-1}
at 450nm	0.3cm^{-1}	0.3cm^{-1}
at 460-900nm		0.3cm^{-1}
Nonlinear opticcoefficient [c)]		$d_{31}=1.3d_{31}^{LiNbO_3}$

a) Curie temperature was determined by the peak of the dielectic constant ε_{33} at 1KHz.
b) Electrooptic constants were measured using a Mach-Zehnder interferometer at λ=632.8nm.
c) Nonlinear optic coefficient was obtained by referring to that of $KiNbO_3$ at λ=1064nm.

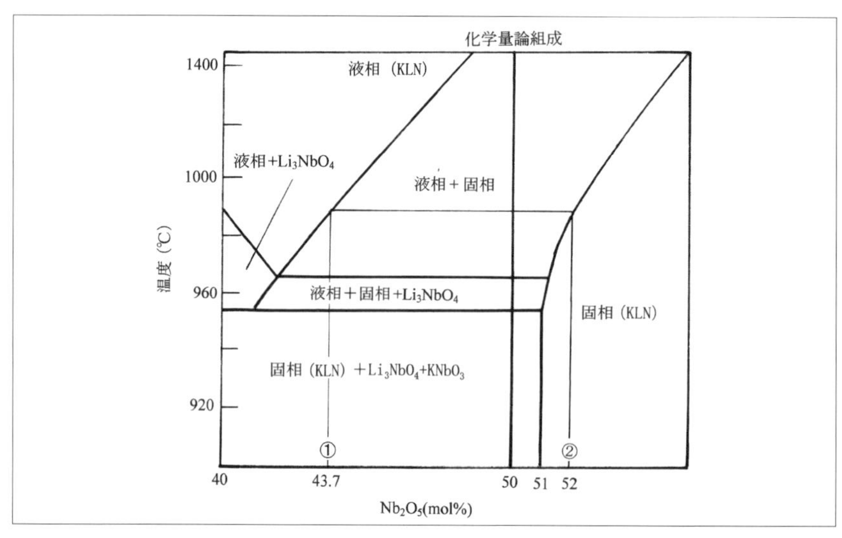

〔図 4.13〕30mol%K_2O での Li_2O-Nb_2O_5　2 成分系相図

40mm、10×5mm 角のクラックがない良質なものである。

しかしながら、KLN 単結晶は非コングルエントメルトからの育成であり、図 4.13 の相図から Nb の組成比は融液に比べて、育成結晶のほうが大きい。そのため、通常のチョクラルスキー法では、結晶を育成するにつれて、融液の Nb の組成が減少し、結晶の育成方向に組成のずれが生じる。図 4.14 はチョクラルスキー法による誘電率の結晶位置依存性である。本研究では、約 300g の融液原料から育成方位〈110〉、引き上げ速度 3mm/h、軸回転速度 35rpm の条件で、約 15g（胴体部長さ 90mm）の単結晶を育成した場合、キュリー温度の変化から求めた両端の Nb 組成ずれは 0.12mol%/cm であった。この値は図 4.13 の相図から計算した値と非常に近い。

この組成ずれを解決するために図 4.15 に示すような連続チャージ二重るつぼ（CC-Cz）法を試みた。この方法は、引き上がった結晶と同じ組成の原料を同じ量だけ二重るつぼの外側に連続的にチャージすることで溶液組成を絶えず一定にするもので、育成結晶の組成ずれをなくすことができる。チョクラルスキー法では、ストイキオメトリー組成のタング

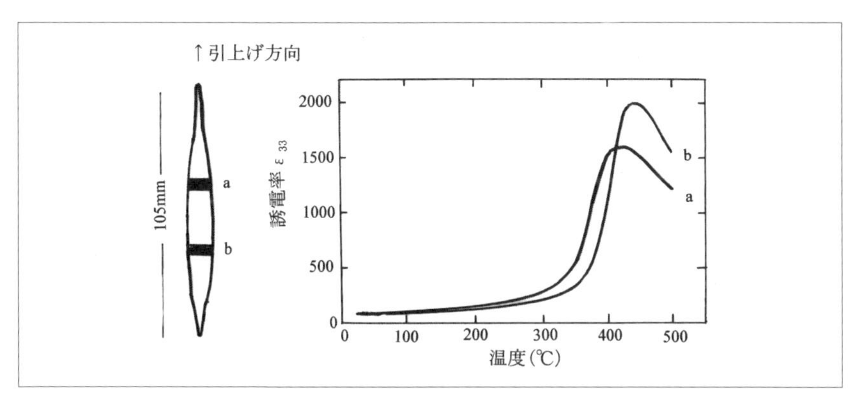

〔図 4.14〕KLN 結晶の誘電率温度特性の位置依存性

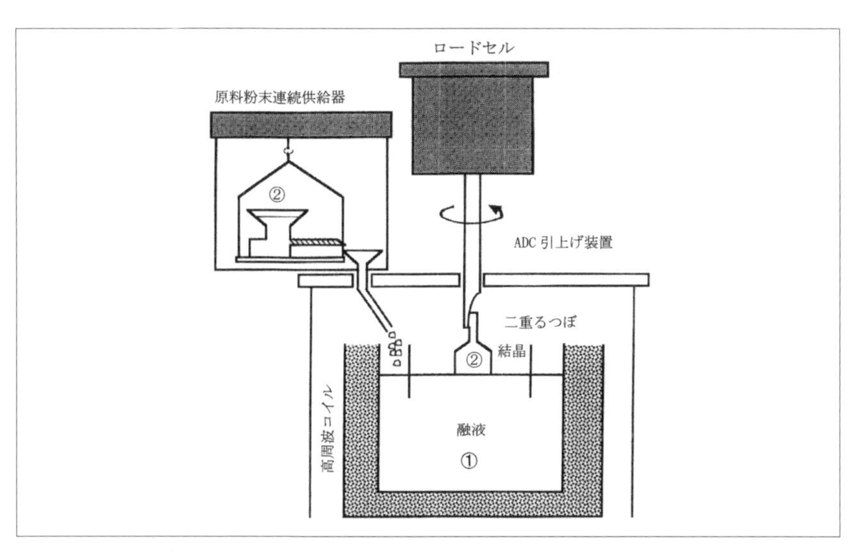

〔図 4.15〕KLN 連続チャージ 2 重るつぼ法の概略図

ステンブロンズ構造を持つ KLN 単結晶は育成できない。そこで化学量論比から少しずれた組成で育成する。KLN は非コングルエントメルト組成であるので、溶液と同じ組成の結晶は引き上げられない。そこで、図 4.13 の相図を使って、育成したい結晶組成から溶液の組成を求める。いま、結晶組成を $K_{3.00}Li_{1.80}Nb_{5.20}O_{15.40}$ と選ぶと、溶液組成は

$K_{3.00}Li_{2.63}Nb_{4.37}O_{13.74}$ となる。高純度の原料 K_2CO_3、Li_2CO_3、Nb_2O_5 をこの溶液組成になるように調合・混合して、900℃、3時間仮焼した原料を100mlの白金るつぼに充填する。一方、連続チャージ用原料は育成結晶の組成と同組成の $K_{3.00}Li_{1.80}Nb_{5.20}O_{15.40}$ となるように調合、本焼成した焼結体を作製、約0.5～1mm ϕ の大きさに粉砕した粒を用いた。これは、チャージ用原料は溶液原料よりも融点が高いので、粉末状であると液表面に浮かび溶け込まないためである。焼結体の粒を用いると、粉末よりも密度が高いので、溶液中へ沈み込み溶かすことができる。種付け温度は約900℃、大気中で連続チャージ法で育成を行った。引き上げ速度0.5mm/h、結晶回転数30～40rpm、育成方向は〈110〉である。育成する結晶はLiの過剰な非コングルエントメルトからの育成、すなわち、Nb組成比51.5%の限界組成に近いので、大きな温度変化や早い速度で引き上げを行うと、不規則に凝固して結晶内にクラックを生じたり、多結晶化してしまう。CC-Cz法で育成された結晶（KLN52）は、先ほどのチョクラルスキー（Cz）法による結晶（KLN53.5）と比較するとその着色は薄く、ほとんど無色透明である。これは、化学量論比に近づくほど、結晶内の Li^+ の欠損が少なくなるためである。図4.16に示差走査熱量計の熱分析から得られた育成方向に対する相転移温度分布を示す。(a)はCC-Cz法、(b)は通常のCz法で育成した単結晶のものであり、横軸は結晶固化率である。CC-Cz法で育成された結晶の相転移温度は534℃で一定であり、結晶内に組成の変動はほとんど見られない。一方、Cz法で育成した結晶は、結晶が育成されるにつれて、相転移温度が上昇している。組成に換算すると結晶のNb量は0.06mol%減少した。この値は、相図から見積もった組成変化量の0.07mol%とよい一致を示す。このことから、CC-Cz法により結晶内の組成変動を抑えることができる。図4.17にCC-Cz法で育成されたKLN結晶の誘電率温度特性を示す。キュリー温度は534℃であり、これから求めた結晶組成は $K_{3.00}Li_{1.80}Nb_{5.20}O_{15.4}$ となる。また、キュリー温度での比誘電率 $\varepsilon_{33}{}^{T}/\varepsilon_0$ の値は11000と非常に大きい。これは結晶の組成がストイキオメトリー組成に近く、結晶の異方性が大きくなったからであると考えられる。

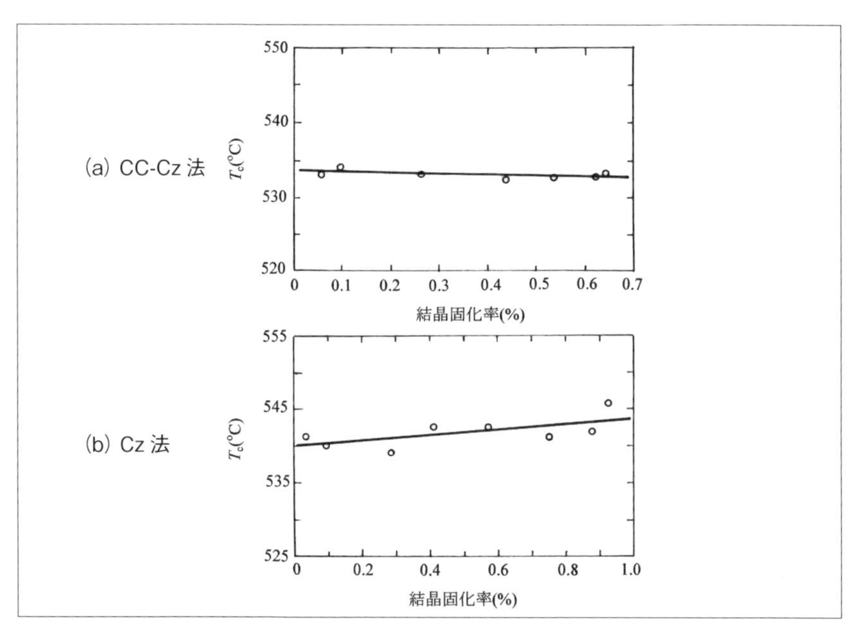

〔図 4.16〕熱分析による CC-Cz および Cz 結晶の育成方向に対する相転移温度分布の比較

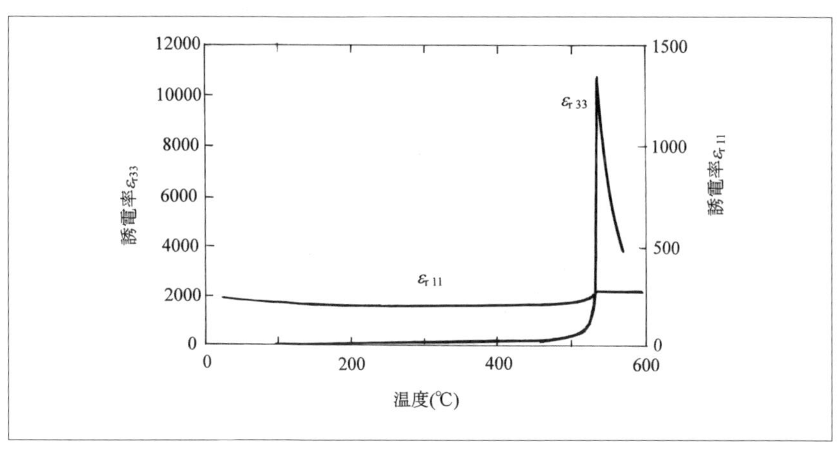

〔図 4.17〕CC-CzKLN 結晶の誘電率の温度依存性

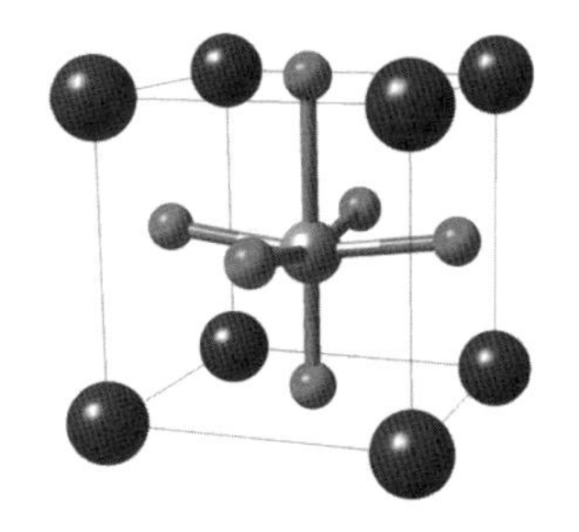

第5章
誘電体材料

誘電体材料には、大きい比誘電率を持つ強誘電体と、比誘電率は100以下と低いが損失が小さい常誘電体がある。最初に注目された誘電体セラミックスはチタン酸バリウム（$BaTiO_3$）で、1942年に日、米、露でほぼ同時に発見された強誘電体である。比誘電率が約1500、高誘電率コンデンサ材料としてあまり周波数の高くない回路で使用される実用化の研究がなされてきた。一方、常誘電体セラミックスには比誘電率7のフォルステライト（Mg_2SiO_4）、9の酸化アルミニウム（Al_2O_3）、25のニオブ酸マグネシウム酸バリウム（$Ba(Mg_{1/3}Nb_{2/3})O_3$）、85のチタン酸ネオジウム酸バリウム（$Ba_4Nd_{9.3}Ti_{18}O_{54}$）などがある。

5．1　$BaTiO_3$

代表的強誘電体の一つである$BaTiO_3$は図5.1に示すペロブスカイト構造をもつ。6個の酸素が形成する正八面体の中心に、4価のTiイオンが存在し、このTiイオンの変位が自発分極の発生に大きく寄与している。見方を変えれば、右の図のようにBaイオンが各酸素8面体に囲まれた中心にある。自発分極が消滅する温度を強誘電的キュリー温度T_cと呼ぶ。$BaTiO_3$の場合T_cは約135℃にあり、それ以上では立方（cubic）格子を形成し、Baイオンは各頂点に、Oイオンは面心に、Tiイオンは

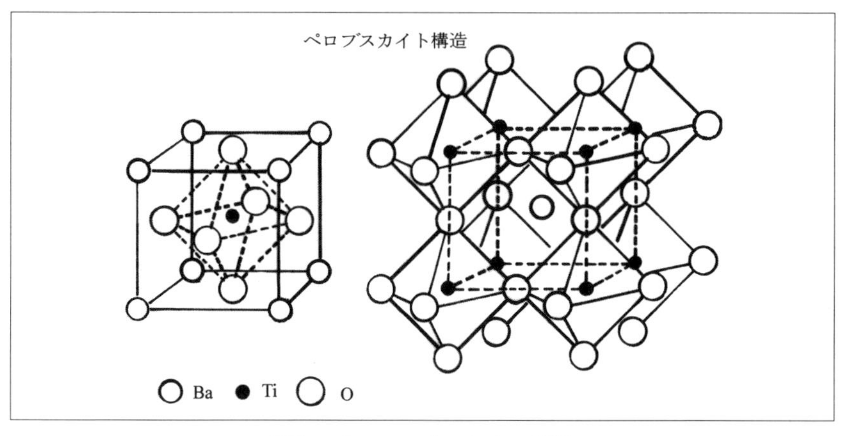

〔図5.1〕ペロブスカイト構造

体心にある。T_c 以下の温度では、図 5.2 で示すように、結晶構造は正方晶系 (tetragonal) となる。中心にある Ti イオンが最大の変位 0.012nm だけ c 軸方向に移動し、Ba イオンも同一方向へ移動し、c 軸方向の O-Ti-O 鎖内の O_2 イオンが反対方向に移動している。これより低い温度では、逐次相転移が 0℃付近、−80℃付近で起こる。このことは Ti イオンが各構造相転移に伴い、面心、稜中心、頂点方向に移動することにより自発分極 P_s の方向もそれぞれ〈001〉、〈011〉、〈111〉方向に生じる。この模様を図 5.3 に示す。図 5.4 に自発分極と誘電率の温度特性を示す。図 5.4 (a) の分極は、単位格子の〈001〉方向に測定した値であり、図示した値にそれぞれ$\sqrt{2}$ および$\sqrt{3}$ を乗ずれば、分極方向の P_s の値が得られる。図 5.4 (b) は $BaTiO_3$ 単結晶の誘電率の温度特性である。各構造相転移に伴い顕著な誘電異常が生じている。$BaTiO_3$ の各種置換イオンによる転移温度の変化を図 5.5 に示す。$BaTiO_3$ の A 位置か B 位置あるいはこれらの両位置を他のイオンで置換して固溶体が作製されている。Ba イオンを Pb、Sr または Ca イオンで置換することにより、また Ti イオンを Zr、Sn または Hf イオンで置換することにより転移温度が変えられる。キュリー温度を室温近くに移動させることにより室温付近の誘電率を高

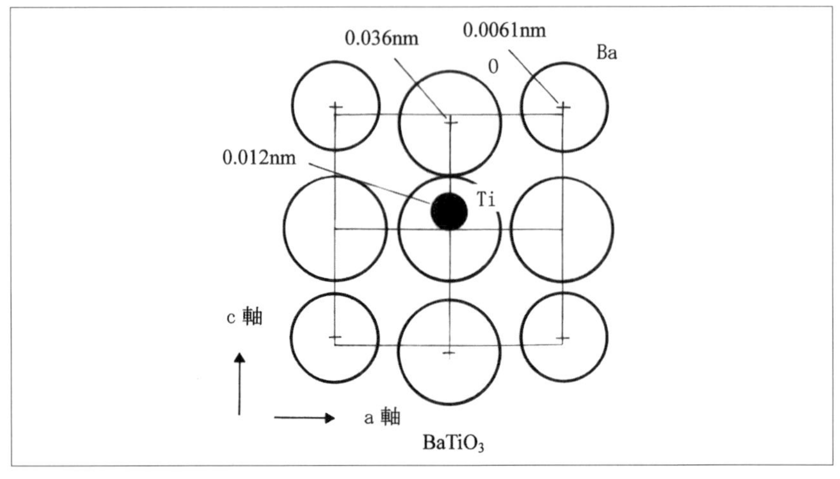

〔図 5.2〕室温における $BaTiO_3$ の構成イオンの位置

くすることができる（シフター添加）。このままでは誘電率は大きいけれど温度係数も大きい。誘電率のこの温度特性を改善するには、$CaTiO_3$、$MgTiO_3$ などの比較的誘電率が高く、温度依存性の少ないペロブスカイト型常誘電体などが用いられる（デプレッサ添加）。

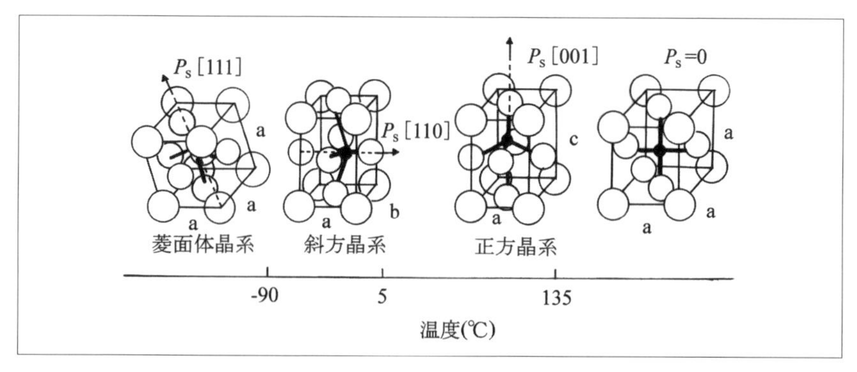

〔図 5.3〕 $BaTiO_3$ の構造、分極と温度の関係

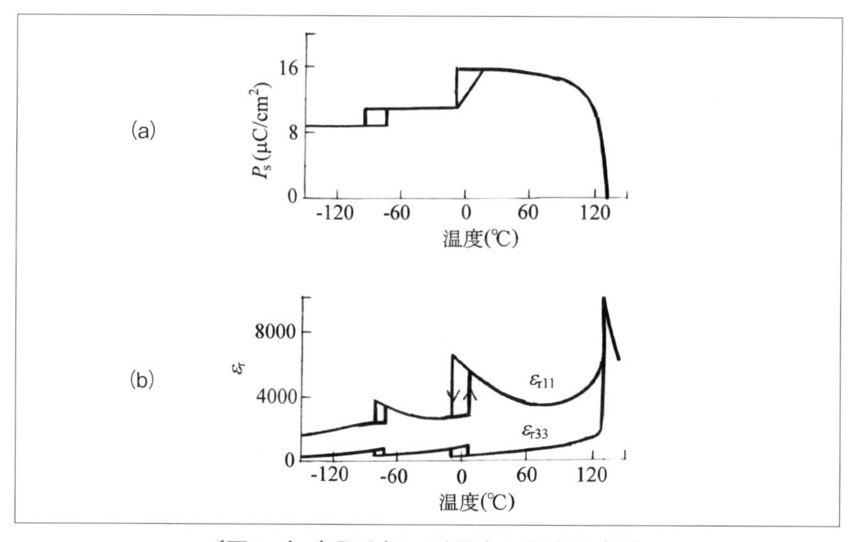

〔図 5.4〕 自発分極、誘電率の温度依存性

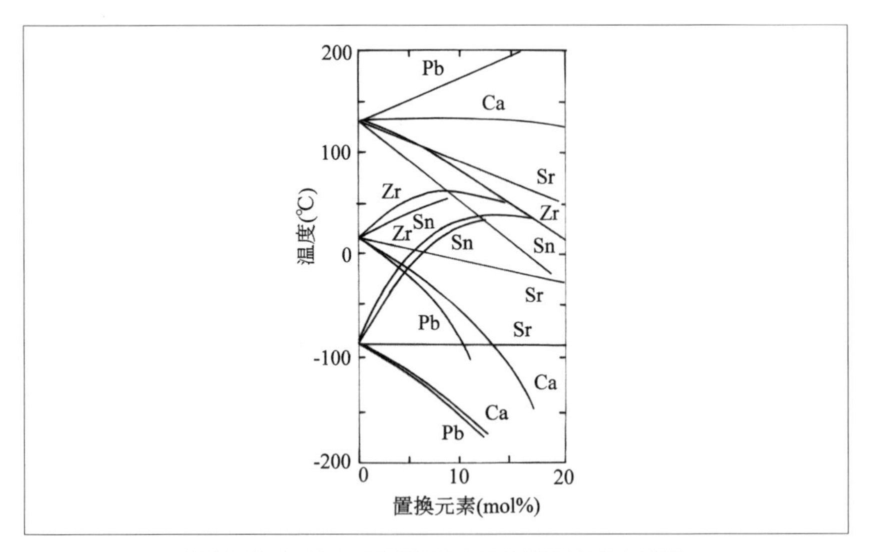

〔図 5.5〕$BaTiO_3$ の置換による相転移温度の変化

5．2　コンデンサ材料

損失や漏れ電流はある程度大きいが大容量が実現できる電解コンデンサ、誘電率は小さいが損失が非常に小さい温度補償系セラミックコンデンサやフィルムコンデンサ、誘電率の温度変化は大きいが高誘電率系セラミックコンデンサなど、コンデンサ材料として重要な分野がある。コンデンサは材料により以下のように分類される。

5．2．1　電解コンデンサ

電解コンデンサには大容量電源系のアルミ電解コンデンサとタンタル電解コンデンサなどがある。電源電圧の平滑化に使用されている。

99.99% アルミ箔（約 50μm）をエッチングで表面積を 10～120 倍に増し、化成したもの（γ−Al_2O_3 膜）と陰極箔との間に電解液を含浸させたクラフト紙などのスペーサを挟んで巻き込み型酸化被膜誘電体コンデンサにしたものが多い。使用電圧は化成電圧と同じ電圧が可能であるが、安全性を考慮し、化成電圧の 70～80% で用いられる。Al 電解コンデンサは酸化被膜の安全性を保つため抵抗率の高い電解液が用いられるが、損失が大きい。使用温度範囲は通常−10～65℃である。

Ta 酸化被膜 Ta_2O_5 を用いるタンタル電解コンデンサは、酸化被膜が非常に安定で劣化が少なく、電解液として導電性のよいものが使用できるので $\tan\delta$ が小さく電気的特性がよい。ただ、エッチングによる表面積の倍率は数倍以下である。これら湿式の電解コンデンサは主に電源回路の平滑用に用いられている。

一般に湿式のものは低温で電解液の抵抗増加による容量と $\tan\delta$ の変化が大きく、高温では液の漏れや蒸発の恐れがある。これらの欠点を克服するものとして固体電解コンデンサがある。これは陰極に無機半導体、有機半導体、導電性高分子などの固体を使用した電解コンデンサのことである。耐圧は化成電圧の 20～30％である。これは化成酸化皮膜に対する液体と固体とでは接触状態が異なるためと考えられている。アルミ電解コンデンサと比べて漏れ特性、周波数特性、温度特性が優れているのでノイズリミッタ、カップリングコンデンサやバイパスコンデンサに使用されている。

5．2．2　高分子フィルムコンデンサ

誘電的性質の優れた合成高分子材料がフィルム製造技術の進歩により薄膜コンデンサとして用いられている。ペーパーコンデンサの紙と比べると薄くでき、絶縁抵抗が高く、$\tan\delta$ が小さい。耐圧が高く、均一性と周波数特性に優れ、かつ含浸剤を必要としないという特徴がある。ポリエチレンテレフタレート、ポリエステル、ポリプロピレン、ポリカーボネートなどは金属電極の蒸着が容易で金属化フィルムコンデンサとして用いられる。素子を加熱してフィルムを融着一体化することにより、熱シールされた小型化、大容量化ができる。

5．2．3　セラミックスコンデンサ

セラミックスは化学的に安定で耐熱性にも優れているが､堅くもろい。構造・形状により単板セラミックスコンデンサと積層セラミックスコンデンサに分けられる。単板の場合の形状としては円筒型、円板、角板があり、両面に電極付けされ、保護塗装される。構造が単純で残留インダクタンスも小さく、電気容量も 0.5pF～0.1 μF 程度である。セラミックスコンデンサは実用上重要な温度特性により低誘電率形（温度補償用）、

高誘電率形、半導体型の三つに分類される。

(a) 低誘電率形（温度補償用）セラミックスコンデンサ材料

負（-750×10^{-6}/℃）の誘電率温度係数を持つ酸化チタン（TiO_2）と正（$+100\times10^{-6}$/℃）のチタン酸マグネシウム（$MgTiO_3$）などが中心に用いられている。一般の電子部品はその特性値に正の温度係数を持つものが多く、負の温度係数を持つコンデンサは温度補償用に使用される。$STiO_3$ や $BaTiO_3$ 系のものを含めて-4700～$+100\times10^{-6}$/℃のものが製造されている。比誘電率は小さいが、Q は高く一般の回路定数用として利用されている。

(b) 高誘電率セラミックスコンデンサ材料Ⅰ

チタン酸バリウム（$BaTiO_3$）などの強誘電体を基本として各種金属酸化物との混晶あるいは複合物を作製し、特性の改善を図る。室温で1000～20000以上の大きな比誘電率をもつ。$BaTiO_3$ の Ba の一部を Sr または La や Ce の希土類元素で置換したり、または Ti の一部を Zr や Sn で置換し、キュリー温度を室温近くに下げるための添加物を加えることにより室温付近での誘電率 ε_r の値を 10000～20000 とすることにより小型大容量のコンデンサを得るものである。これをシフター（shifter）と呼ぶ。しかしその温度依存性や電圧依存性が大きくなる。この温度特性を平坦にするために、常誘電体の $MgTiO_3$、$CaTiO_3$、$MgSnO_3$ などのデプレッサ（depressor）を添加することにより誘電率のピークを 3000～7000 と少し小さくすることで温度特性が改善される。

従来、積層セラミックスコンデンサの内部電極には、高価な Pd、Ag-Pd といった貴金属が用いられていたが、現在では電極コストを抑える目的で内部電極として Ni あるいは Cu などの卑金属電極が主流に用いられている。卑金属を内部電極として使用するには、焼成時にこれら卑金属が酸化されないように低酸素分圧の雰囲気中で焼成することが必要である。しかし、酸化物は低酸素分圧の雰囲気焼成では酸素欠陥が生じ、半導体化しやすくなる。卑金属が酸化されない低酸素分圧雰囲気下で $BaTiO_3$ が焼成されると一部の酸素が還元反応し、酸素欠陥が生じる。この還元反応で生じた電子 e^- は Ti^{4+} と結合し、Ti^{3+} に変える。電気伝導はTi^{4+}とTi^{3+}の間の電子のホッピングにより生じ、全体として絶縁抵抗が下がる。これを避けるために$BaTiO_3$にアクセプタとしてMnやCo、ドナーとしてDyやHoなどの希土類元素を添加するとコアシェル構造を形成する。強誘電性を示すコア相と強誘電性を示さないシェル相だけでは温度依存性が大きいが、これらを重ね合わせることによりお互いに補完し合い、比誘電率の温度依存性が小さくなること、さらに寿命も改善されることが知られている。

(c) 高誘電率材料II

鉛系の誘電材料には、マグネシウムニオブ酸鉛（$Pb(Mg_{1/3}Nb_{2/3})O_3$(PMN)）や亜鉛ニオブ酸鉛（$Pb(Zn_{1/3}Nb_{2/3})O_3$(PZN)）に代表される複合ペロブスカイト化合物がある。この化合物は1950年代に旧ソビエトのSmolenskiiにより発見された。一般式$Pb(B_1, B_2)O_3$で表され、誘電率が非常に大きく、その周波数特性が誘電緩和現象を示すことから緩和型強誘電体またはリラクサの名称で呼ばれている。この複合ペロブスカイト化合物は、1000℃以下の低温で焼結可能であり、また非常に高い誘電率となだらかな温度特性、$BaTiO_3$系材料に対して優れたバイアス特性などの特徴を持つことからコンデンサへの応用が重点的になされてきた。しかしながら1990年代後半に入り、Pdの価額が高騰し、内部電極からの脱Pd化が速められたこと、電子部品におけるPbによる環境汚染の懸念から高容量化に向けた積層セラミックスコンデンサの開発研究は、$BaTiO_3$を主体に、NiやCuなどの卑金属内部電極を使用したものへと移行している。リラクサ誘電体は誘電率の最大を示す温度が周波数とともに降温側に移動し、誘電率が低下する。表5.1に各種のリラクサとその略称、キュリー温度、最大誘電率、結晶構造などを示す。図5.6に代表的なリラクサであるマグネシウムニオブ酸鉛系材料$Pb[(Mg_{1/3}Nb_{2/3})_{0.9}Ti_{0.1}]O_3$（PMNT90/10）と$BaTiO_3$の温度特性を比較し、示す。$BaTiO_3$では誘電率のピークは鋭いが、PMNT（90/10）ではブロードなピークを示す。一般的にリラクサ材料は周波数の上昇とともに誘電率が減少し、ピーク温度も高温側にシフトする。

〔表 5.1〕代表的リラクサ材料の諸特性

リラクサ材料	T_c(℃)	ε_{max}	構造	MPB での Ti 組成 (mol%)	MPB 組成の T_c(℃)
$Pb(Cd_{1/3}Nb_{2/3})O_3$	0	8000	PC(F)	28	380
$Pb(Zn_{1/3}Nb_{2/3})O_3$	140	22000	R(F)	9-10	175
$Pb(Mg_{1/3}Nb_{2/3})O_3$	−10	18000	PC(F)	30-33	155
$Pb(Ni_{1/3}Nb_{2/3})O_3$	−120	4000	PC(F)	28-33	130
$Pb(Mn_{1/3}Nb_{2/3})O_3$	−120	4000	PC(F)	30-35	130
$Pb(Co_{1/3}Nb_{2/3})O_3$	−98	6000	M(F)	33	250
$Pb(Yb_{1/2}Nb_{1/2})O_3$	280	150	M(AF)	50	360
$Pb(In_{1/2}Nb_{1/2})O_3$	90	550	M(F)	37	320
$Pb(Sc_{1/2}Nb_{1/2})O_3$	90	38000	R(F)	42	260
$Pb(Fe_{1/2}Nb_{1/2})O_3$	112	12000	R(F)	7	140
$Pb(Sc_{1/2}Ta_{1/2})O_3$	26	28000	R(F)	45	205

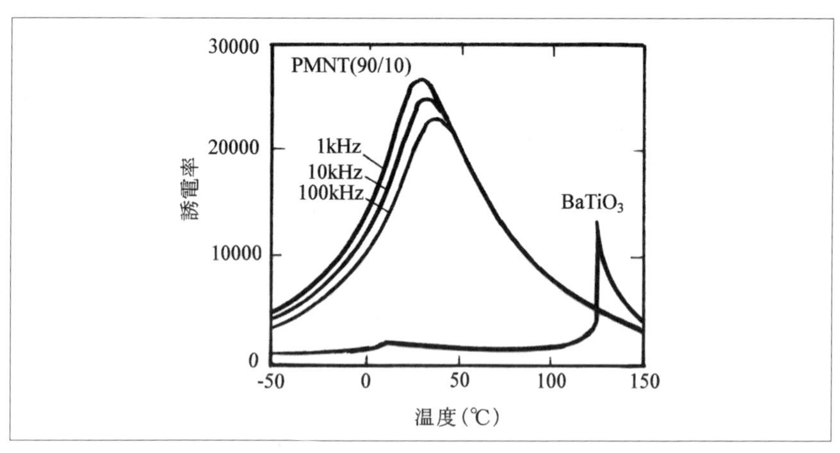

〔図 5.6〕$BaTiO_3$ と PMNT(90/10) リラクサの誘電率の温度特性

(d) 半導体セラミックスコンデンサ

結晶中に原子価の異なる同種のイオンが共存すると電気伝導が生じる。たとえば $BaTiO_3$ に La_2O_3 をわずかに加えると La^{3+} が Ba^{2+} の位置に入り、Ti^{4+} の一部を Ti^{3+} に変えて n 型半導体になる。これは次のような反応式となる。

$$(1-x)Ba^{2+}Ti^{4+}O_3^{2-}+\frac{x}{2}La_2^{3+}O_3^{2-}\xrightarrow{\frac{3}{2}xO}Ba_{1-x}^{2+}La_x^{3+}Ti_x^{3+}Ti_{1-2x}^{4+}O_3^{2-}$$

同じ $BaTiO_3$ に Ta_2O_5 を添加する場合には、Ta^{5+} が Ti^{4+} を置換し、隣接する Ti^{4+} を Ti^{3+} にかえ、n 型半導体になる。原子価制御によりできる半導体セラミックスの両面に、焼き付け電極を設けて整流性接触を作り、その障壁容量を利用するものである。これを障壁容量型コンデンサという。通常 0.01～0.5μF のものが作られている。また、La_2O_3 や Ta_2O_5 を添加した $BaTiO_3$ 半導体はPTCサーミスターとしても用いられている。

還元性雰囲気で焼成された $BaTiO_3$ 系半導体セラミックスの表面を再酸化させることにより、表面に薄い絶縁膜を形成し、これを高誘電率層として用いる。これを表面酸化型セラミックスコンデンサと呼ぶ。通常 0.01～0.5μF のものが製造される。原子価制御した $BaTiO_3$ や $SrTiO_3$ 半導体セラミックスの表面に金属酸化物（CuO、Bi_2O_3、MnO_2 など）を塗布し 950～1250℃で熱処理すると酸化物がセラミックスの粒界に沿って急速に拡散し、粒界層部分のみを絶縁層に変える。セラミックスの両面に電極を設けると、薄い粒界層の厚さ（0.3～2μm）をもつ高誘電率コンデンサと結晶粒内部の半導体部分が多数直並列につながった構造になり、見かけの誘電率は 10000～80000 と極めて大きいものとなる。これを境界層（barrier layer）セラミックスコンデンサという。$BaTiO_3$ を主成分とする BL コンデンサは耐圧の関係で粒界層を余り薄くできない。また温度特性もよくなく、強誘電性に基づく非線形歪やヒステリシスなども生じる。$SrTiO_3$ 系コンデンサの場合、その粒界の絶縁性が優れているので薄くすることができる。$BaTiO_3$ と比べて ε_r が小さいので層が薄くても見かけの ε_r は変わらない。$\tan\delta$ は $10～150\times10^{-4}$ で、誘電率の温度特性も温度補償用コンデンサに匹敵するほど直線的で小さくすることができる。図 5.7 はこれらのセラミックスコンデンサの構造を示したものである。

積層セラミックスコンデンサは誘電体と電極をサンドイッチ状に交互に多層積み重ね一体化し、同時焼成した構造になっている。そのため小

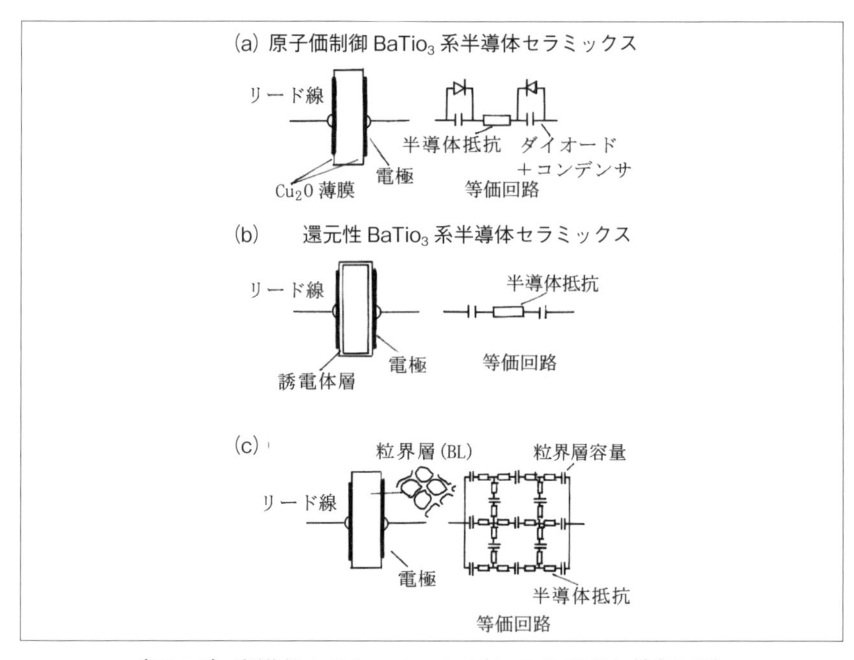

〔図 5.7〕半導体セラミックコンデンサの原理と等価回路

型化と大容量化を実現している。この構造を図 5.8 に示す。内部電極は交互に外部電極と接続されているので誘電体セラミックス層が多数並列に接合されている。1980 年代初めの積層セラミックスのサイズは 3216 サイズ（3.2×1.6mm）が主流であったが、現在、携帯電話などで使われているものは 1005 サイズ（1.0×0.5mm）になっている。今後は、0603 サイズや 0402 サイズへとシフトしていくと予想される。積層セラミックスコンデンサの作製方法には主にセラミックス原料粉体をバインダなどと混ぜてペースト状にし、プラスチックのキャリアフィルム上に薄いシートとして延ばし、乾燥させる。これがテープキャスティング法で、得られたものをグリーンシートという。このグリーンシートに内部電極材料をスクリーン印刷する。内部電極材料には Ag-Pd や Ag、もしくは Ni や Cu のペーストを用いる。内部電極が印刷されたグリーンシートは数 10～数 100mm 角に切断され、電極パターンを精密に位置合わせしな

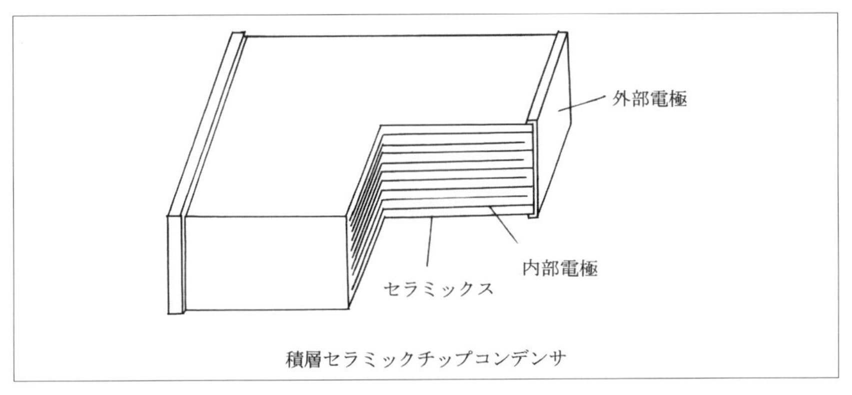

〔図 5.8〕積層セラミックチップコンデンサの内部説明図

がら積み重ねられる。積層されたシートを熱圧着・一体化した後、切断機により小さくカットされる。その後焼成炉に送られ 1000～1350℃で焼成される。チップ断面に外部電極を塗布し、600～850℃で焼き付けた後、Ni および Sn のメッキを施し外部電極を形成する。最近では、焼き上げ後の誘電体厚みが 1 μm、最大積層数は 1000 までのものが実用化されており、取得静電容量も 100 μF 以上のものも得られている。

5.2.4　電気二重層コンデンサ

一般に異なる二層が接触すると界面に正負の電荷が短距離をへだてて並ぶ。この界面にできる電荷分布を電気二重層と呼ぶ。このコンデンサの特徴は、内部抵抗が小さく短時間で充放電が行える、充放電による劣化が少ないので寿命が長い、電圧が 2.3～12V と低い、自己放電により時間とともに失われる電気が比較的多い、充放電時に電圧が一直線に変化する、価格が高い、などである。性能が向上すれば、一部バッテリーを代替する可能性がある。

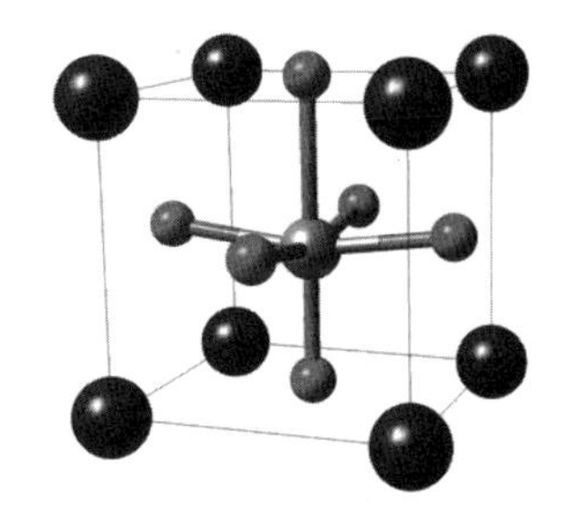

第6章
マイクロ波誘電体セラミックス材料

６．１　マイクロ波誘電体セラミックス材料の設計

マイクロ波誘電体セラミックスは共振器、誘波管、誘電体アンテナ、マイクロ波回路などマイクロ波部品に使用され、移動体通信機器フィルタ、衛星放送受信用マイクロ波発信回路、GPS アンテナなどに幅広く使われている。科学技術の進歩により、通信量は迅速に増加し、ワイヤレス通信の需要により、衛星通信と衛星放送テレビなどマイクロ波を利用する通信システムは現在通信技術の発展途上にある。マイクロ波素材の民間での需要は増えている。たとえば、携帯電話、パケット通信ワイヤレス電話など移動通信機器と衛星放送テレビの装置などに使用されている。一般的には誘電体セラミックスの最も多い用途はコンデンサである。しかしコンデンサ以外にもさまざまな機能を持った部品がある。たとえば低温同時焼成セラミックス（Low Temperature Co-fired Ceramic：LTCC）で作られたマイクロ波通信で使われるフィルタなどである。

マイクロ波の定義は明確ではないが、一般的には周波数 300MHz〜300GHz（波長 1mm〜1m）の電波を指す。身近なところでは携帯電話、PHS、無線 LAN、ブルートゥース、ETC などが、1GHz〜6GHz の周波数を使っている。

このマイクロ波領域の分極の寄与には、イオン分極と電子分極があるが、電子分極は誘電率の数 % の寄与しかなく、マイクロ波領域では一定であり、誘電損失も無視できるほど小さい。したがって、マイクロ波領域における誘電特性は、イオン分極が主である。

$\pm Ze$ の電荷を持つ質量 m_1、m_2 の単純化した 2 原子からなる一次元イオンモデルを考えると、イオン分極による複素誘電率は、W. Cochran の「原子振動」によると次式で与えられる。

$$\varepsilon'(\omega) - \varepsilon(\infty) = \frac{N(Ze)^2/\varepsilon_0 m}{\omega_T^2 - \omega^2 - jr\omega} = \frac{\omega_T^2(\varepsilon(0) - \varepsilon(\infty))}{\omega_T^2 - \omega^2 - jr\omega} \quad \cdots\cdots \quad (6.1)$$

$$m\omega_T^2 = \beta - \frac{N(Ze)^2}{3\varepsilon_0} \quad \cdots\cdots \quad (6.2)$$

ここで、Ze は原子価、β はばね定数、r は減衰定数、N は単位胞の数、

m はイオンの換算質量、$m=m_1m_2/(m_1+m_2)$、ω_T は光学型横波フォノンの角振動数、$\varepsilon(\infty)$ は電子分極による比誘電率、$\varepsilon(0)$ は静的比誘電率である。多くのイオン結晶では、ω_T は遠赤外の領域にあり、マイクロ波領域では ω は遠赤外光のそれに比べて2桁くらい小さく、$\omega_T^2 >> \omega^2$ が成り立つ。式 (6.1) は次のように近似される。

$$\varepsilon'(\omega) - \varepsilon(\infty) \cong \frac{N(Ze)^2/\varepsilon_0 m}{\omega_T^2} = \varepsilon(0) - \varepsilon(\infty) \quad \cdots\cdots\cdots\cdots \quad (6.3)$$

$$\tan\delta = \frac{\varepsilon''(\omega)}{\varepsilon'(\omega)} \cong \frac{r\omega}{\omega_T^2} \quad \cdots\cdots\cdots\cdots \quad (6.4)$$

したがって、マイクロ波領域（1～50GHz）においては、$\varepsilon'(\omega)$ は周波数に無関係に一定であり、$\tan\delta$ は周波数に比例して大きくなる。

以上の議論では、調和近似を仮定してきたので、β は温度依存性がない。したがって ω_T は温度に依存しない。実際には、非調和項の効果により、高温で振動モードがソフト化する場合、$\omega_T^2 \propto T-T_c$ の温度依存性を示すものもある。このような温度依存性を持つと、式（6.3）と式（6.4）から、

$$\varepsilon'(\omega) - \varepsilon(\infty) \propto \frac{1}{T-T_c} \quad \cdots\cdots\cdots\cdots \quad (6.5)$$

$$\tan\delta \propto \frac{r\omega}{T-T_c} \quad \cdots\cdots\cdots\cdots \quad (6.6)$$

T_c はキュリー温度であり、式（6.5）はキュリー・ワイス（Curie-Weiss）の法則である。

マイクロ波領域で使用される誘電体セラミックス材料の設計にあたって、まず、マイクロ波領域における比誘電率、共振周波数または比誘電率の温度係数、$\tan\delta$ が重要である。一般に常誘電体で、比誘電率の大きい物質は、比誘電率の温度係数も負で大きい傾向にある。低損失な誘電体セラミックスを作製するには、式（6.4）から、ω_T が大きく、r の小さい材料が望ましい。ω_T は結晶を構成するイオンの種類と結晶構造に

より決まる。rについては、格子振動の非調和項に起因するものと、結晶の不完全性などに起因する外因的なものとがある。誘電体セラミックスの場合、不純物、点欠陥や転位などの格子欠陥の寄与が大きく、不純物および格子欠陥の少ない均一な結晶粒子からなるセラミックスを作製することが必要である。

一方、単独の材料のみでは要求特性を満足できない。この場合いくつかの基本組成の材料を組み合わせて要求仕様を満たす材料が作製される。このような固溶体あるいは混晶は、混合則からおおむねその特性が推定される。

微細な結晶粒子の混合体からなるセラミックスの見かけの比誘電率およびその温度係数 τ_ε は、

$$\varepsilon_r{}^n = \sum_i V_i\,\varepsilon_{ri}{}^n \quad \cdots\cdots \quad (6.7)$$

$$\log \varepsilon_r = \sum_i V_i \log \varepsilon_{ri} \quad \cdots\cdots \quad (6.8)$$

ここで、V_iは第i成分の体積分率、n=−1～1である。また混合体の比誘電率の温度係数 τ_ε は、

$$\tau_\varepsilon = \sum_i V_i\,\tau_{\varepsilon ri} \quad \cdots\cdots \quad (6.9)$$

で体積分率の平均値となる。

マイクロ波セラミック材料として考えるべき重要な特性には以下のものがある。

①誘電率 ε が適度に大きいこと。

②品質係数Qが高いこと。すなわち低損失であること。

③共振周波数の温度係数 τ_f が小さいこと。

④機械的強度が大きいこと。

⑤物理的、化学的に安定で、経時変化が小さいこと。

⑥熱伝導率が大きいこと。

⑦表面平坦で、金属膜との接着性がよいこと。

ここで、$Q(=1/\tan\delta=2\pi f_r \varepsilon_0 \varepsilon_r/\sigma)$は周波数に比例して減少する。そこで、

$Q\cdot f_r$は一般的に一定の関係にあることが知られている。そのため、Qの代わりに品質係数と共振周波数の積$Q\cdot f_r$が一般的に用いられている。なお、材料によっては$Q\cdot f_r$が一定にならないものもある。

携帯電話用の材料としては誘電率がもっぱら90以上の固溶体が用いられている。一方、基地局用にはQが高く、誘電率も30以上のものが、小型軽量化、低雑音、高S/N比が求められる携帯電話の基地局などに使われる。非常に高Qで、しかも低誘電率の材料は、波長の短縮を必要としないミリ波帯での用途に適している。品質係数は周波数が高くなると小さくなるので、ミリ波帯では非常に高いQを持つ材料が求められている。

現在のところ、マイクロ波誘電体の利用分野は、誘電体バルク共振器、ストリップライン共振器、積層誘電体LC共振器、マイクロ波集積回路（MIC）用基板などがある。これらの内、MICでは、低誘電率、低損失な材料が求められるとともに高周波立体回路設計技術の確立も求められる。アルミナ基板やテフロン・ガラスクロス基板、フォルステライト、ステアタイト基板のような低誘電率基板が主に用いられる。マイクロ波用誘電体セラミックス材料として有用な基本組成のセラミックスを表6.1に示す。これらの材料の多くは、単独では共振周波数温度係数などが要求特性（ほぼ0）を満たさない。そのため、共振周波数の温度特性の向上は、正と負の温度係数を持った材料を混合するか両者の固溶体を形成することによりそれが図られている。

6.2　$Ca_{0.8}Sr_{0.2}TiO_3-Li_{0.5}Ln_{0.5}TiO_3$系誘電体セラミックス

本節では、$Ca_{0.8}Sr_{0.2}TiO_3-Li_{0.5}Ln_{0.5}TiO_3$系を用いてその例を以下に示す。表6.2に示すように$Ca_{0.8}Sr_{0.2}TiO_3$系セラミックスは誘電率（167）と$Q\cdot f$値（5963GHz）は高いが、周波数温度係数（754）が大きいので、実用化されていない。品質係数、誘電率が高く、なおかつ、周波数零温度係数を有する物質の探索のため、$(1-x)Ca_{0.8}Sr_{0.2}TiO_3-xLi_{0.5}Ln_{0.5}TiO_3$（$0.5\leq x\leq 1.0$）（CSLST）（Ln：Sm、Nd）セラミックスの固相反応法での作製とそのマイクロ波誘電特性を本章で述べる。以下$Ca_{0.8}Sr_{0.2}TiO_3$をCST、$Li_{0.5}Nd_{0.5}TiO_3$をLNT、$Li_{0.5}Sm_{0.5}TiO_3$をLSTと略記する。

〔表 6.1〕代表的マイクロ波誘電体材料とそれらの特性

セラミックス材料	ε_r	Q	τ_f(ppm/℃)	測定周波数 f(GHz)
Al_2O_3	9.8	30000	−55	9
$2MgO \cdot SiO_2$	6.4	2900	−70	8
TiO_2	104	14600	427	3
$CaTiO_3$	170	1800	800	2
$MgTiO_3$	17	22000	−45	5
$SrTiO_3$	255	700	1670	2
$ZrTiO_4$	42	4000	55	7
$BaTi_4O_9$	38	2600	15	7
$Ba_2Ti_9O_{20}$	40	8000	2	4
$Ba(Mg_{1/3}Ta_{2/3})O_3$	25	16800	3	10.5
$Ba(Ni_{1/3}Ta_{2/3})O_3$	23	7100	−18	7
$Ba(Zn_{1/3}Nb_{2/3})O_3$	40	10000	28	11
$Ba(Zn_{1/3}Ta_{2/3})O_3$	30	14000	0	12
$BaO \cdot Sm_2O_3 \cdot 5TiO_2$	77	4000	15	2
$BaO-PbO-Nd_2O_3-TiO_2$	90	5000	0	1

〔表 6.2〕CST-LLnT 系マイクロ波材料の特性

材料	x	ε_r	$Q \cdot f_r$(GHz)	τ_f(ppm/℃)
$Ca_{0.8}Sr_{0.2}TiO_3$(CST)	0	167	5963	754
$Li_{0.5}Nd_{0.5}TiO_3$(LNT)	1	75.4	2013	−267
$Li_{0.5}Sm_{0.5}TiO_3$(LST)	1	52.6	2278	−260
CST-LNT	0.87	112	2013	−2.75
CST-LST	0.81	94.5	3303	−1.8

酸化物と炭酸化物の粉を計量し、ボールミルで 24 時間混合した後、1100℃で 2 時間仮焼きを行う。流星ミルで 2 時間粉砕した粉の粒径は約 1μm である。PVA バインダを加えた後、圧力 120MPa で直径 12mm のペレッドに成形し、1275～1350℃で 2 時間焼結する。X 線回折と SEM 観察により構造と粒径を調べ、ネットワークアナライザを用いて、マイクロ波特性を測定する。X 線回折と SEM 観察より、CST-LNT 系においては、焼結温度が 1300℃以上なら全域にわたって単一ペロブスカイト構造が安定に存在している。一方、CST-LST 系では、1100℃以下の低温焼成では、$Sm_2Ti_2O_7$ の不純物相が現れたり、1300℃以上の高温焼成では、

TiO_2 相が検出される。1250℃、15 時間の条件で焼成した場合は、x=0 または 0.85 以上でペロブスカイト型単一相となるが、x が 0.5-0.82 の組成では TiO_2 の不純物相が微少混じることがある。図 6.1 に示すように高密度（理論密度の 98% 以上）の試料が得られる。また、CST への LNT および LST の導入は粒成長を抑える結果となる。誘電率の組成依存性を図 6.2 に示す。両 CST-LNT および CST-LST 系の誘電率の値は x の増加とともに減少している。$Q \cdot f_r$ 値の組成依存性を図 6.3 に示す。CST-LNT の場合には、$Q \cdot f_r$ 値は x=0.4 までは急激に減少するが、それ以降は徐々に増加する。CST-LST の場合は、より複雑で、x=0.5 まで減少し、その後増加に転じるが、x=0.8 前後で再び減少する。図 6.4 は周波数温度係数 τ_f の組成依存性である。共振周波数温度係数（τ_f）は x 値の増加とともに高い正の値から負の値へ向かって減少する。CST-LNT

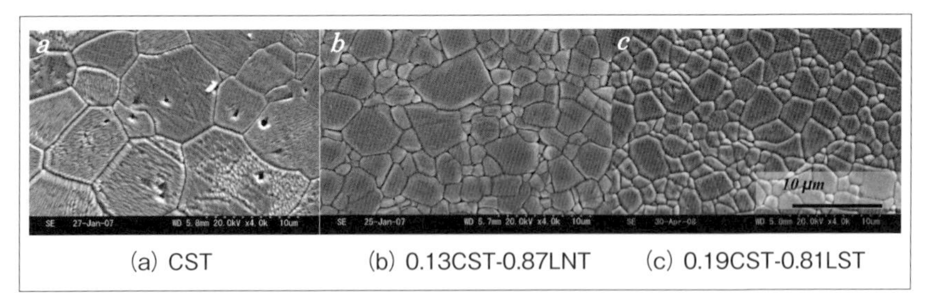

(a) CST　(b) 0.13CST-0.87LNT　(c) 0.19CST-0.81LST

〔図 6.1〕表面 SEM 写真

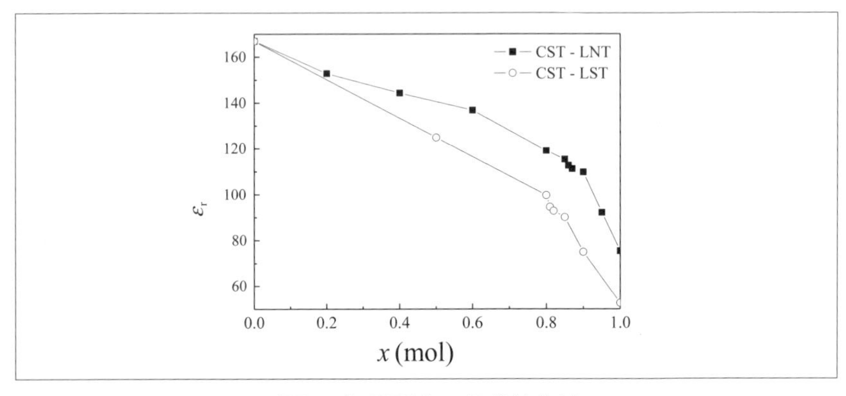

〔図 6.2〕誘電率の組成依存性

においては、x=0.87の組成で、周波数温度係数τ_fが−2.75ppm/℃と小さくなり、そのときの品質係数$Q \cdot f_r$が2013GHz、誘電率ε_rが111.6の特性値が得られている。一方、CST-LST系の場合には、x=0.81の組成で−1.8ppm/℃の非常に小さい周波数温度係数τ_f、品質係数$Q \cdot f_r$が3303GHz、誘電率ε_rが95、周波数温度係数τ_fが−1.8ppm/℃が得られている。さらに、LTCCをめざし、上記$0.19CaO_{0.8}Sr_{0.2}TiO_3-0.81Li_{0.5}Sm_{0.5}TiO_3$セラミックスに$B_2O_3$、CuO、$V_2O_5$および$B_2O_3$−CuOの添加効果が調べられた。このなかで、CST−LST0.81−x%(CuO−B_2O_3)でx=7.5%、焼結温度950℃のセラミックスが品質係数$Q \cdot f_r$値が2478GHz、誘電率ε_rが

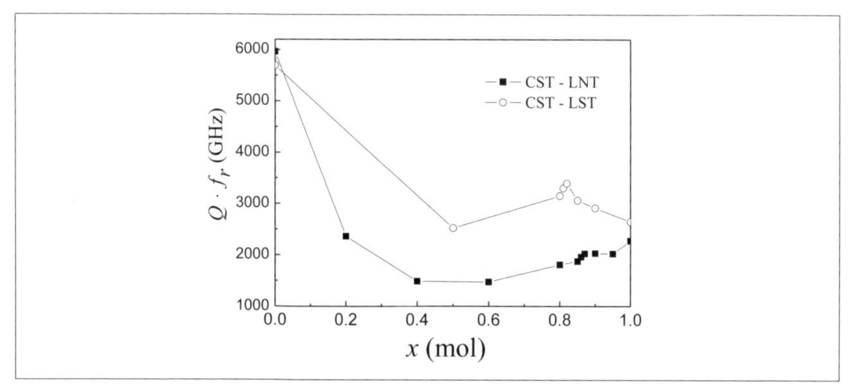

〔図6.3〕品質係数の組成依存性

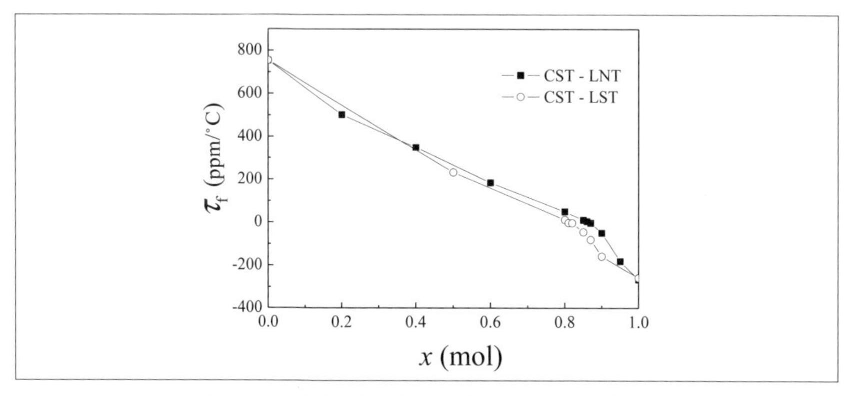

〔図6.4〕共振周波数温度係数の組成依存性

74、周波数温度係数 τ_f が0.55ppm/℃と優れた特性が得られているのでこの材料はLTCC法を応用したマイクロ波誘電体セラミックスとしても有望であると考えられる。

6．3　低温同時焼成セラミックス（LTCC）

フィルタとは、通信の世界では特定の周波数の電波を選択して通す部品のことで、たとえば無線LANでは2.4GHzという周波数の電波だけを通すフィルタを使う。フィルタはコンデンサ C と、コイル L を使って「共振回路」を作り、フィルタとするのが一般的であるが、1GHzを超えるような高周波の電波では誘電体の中で電波を共振させるという手法を使う。これは音叉が共鳴箱で共鳴するのと同じで、誘電体で、ある特定の大きさの「箱」を作っておくと、その大きさに合う特定の周波数だけが共振（共鳴と同じ）する性質を使っている。

実際の共振器は図6.5のような構造で、共振器と書いてある長さ L_r の電極と、その下のグランド層との間で共振する。共振器の長さ L_r は、誘電体の比誘電率と通過する電波の波長で決まり、誘電体の比誘電率の1/2乗に反比例し、波長に比例する。そのため、誘電体の比誘電率が高

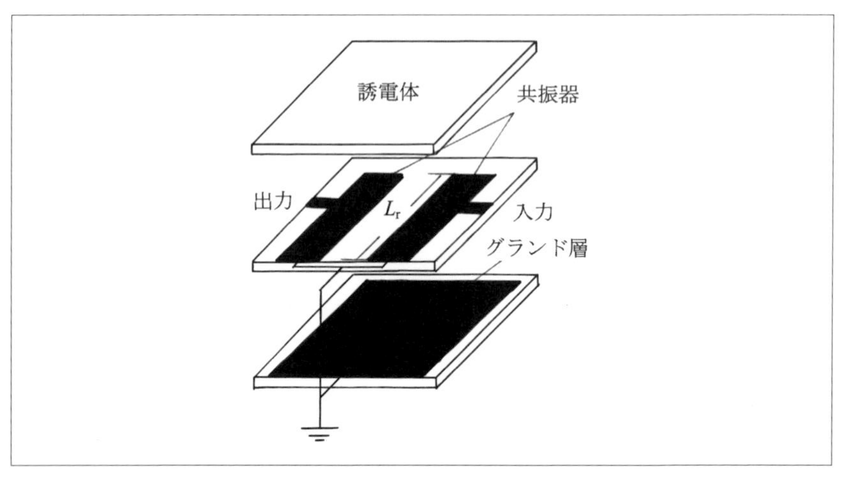

〔図6.5〕誘電体マイクロ波フィルタ

いほど、波長が短い（周波数が高い）ほど、共振器は小さくできる。積層する層数は共振器以外の回路も含まれることが多く、20層程度になる。フィルタの外観はたとえば2.0×2.5×1.0mmという小さな部品となる。

参考文献

1) 川端昭：電子材料・部品と計測、コロナ社、1982
2) 田中哲郎：電子・通信材料、コロナ社、1964
3) 塩嵜忠、一ノ瀬昇：エレクトロセラミックス、技報堂、1984
4) 岡崎清：セラミック誘電体工学、学献社、1992
5) 岡崎清：電気材料工学演習、学献社、1968
6) 電子材料工業会：機能回路用セラミック基板、工業調査会、1985
7) 日野太郎：電気材料物性工学、朝倉書店、1990
8) 日野太郎、森川鋭一、串田正人：電気・電子材料（基礎電気・電子工学シリーズ）、森北出版、1991
9) 塩嵜忠：電気電子材料、協立出版、1999
10) 大木義路：誘電体物性（電気・電子・情報工学系テキストシリーズ）、培風館、2002
11) 内野研二、石井孝明：強誘電体デバイス、森北出版、2005
12) 小塚洋司：電気磁気学－その物理像と詳論－、森北出版、1998
13) 村田製作所：セラミックコンデンサの基礎と応用、オーム社、2003
14) 塩嵜忠：強誘電体材料の応用技術、シーエムシー出版、2008

●ISBN 978-4-904774-35-9

福岡大学　末次 正　著

設計技術シリーズ

RF電力増幅器の基礎と設計法

本体 3,300 円＋税

発行／科学情報出版（株）

●ISBN 978-4-904774-25-0

富山県立大学　石塚 勝　監修

設計技術シリーズ

実践／熱シミュレーションと設計法

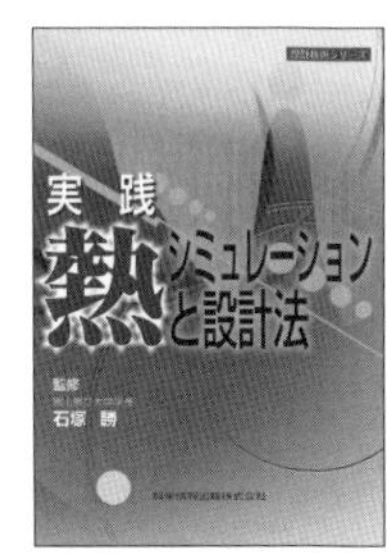

本体 3,600 円＋税

第 1 章　熱設計と熱抵抗
1．熱設計の必要性／2．熱抵抗／3．空冷技術

第 2 章　熱設計と熱シミュレーション
1．熱シミュレーションの種類／2．関数電卓による温度予測／3．熱回路網法による温度予測／4．微分方程式の解法による温度予測／5．市販されている CFD ソフト

第 3 章　サブノートパソコンの熱伝導解析例
1．まえがき／2．モデル化の考え／3．モデル化の解法／4．狭い領域の解析／5．筐体全体の解析／6．結果／7．まとめ

第 4 章　電球型蛍光ランプの熱シミュレーション
1．まえがき／2．熱回路網法／3．電球型蛍光ランプの熱設計／4.熱シミュレーションの応用／4.熱シミュレーションの応用／5．まとめ

第 5 章　X 線管の非定常解析
1．X 線管の熱解析（非定常解析例）／2．X 線管の構造／3．解析モデル／4．解法／5．数値計算結果／6．計算の流れ／7．熱入力時間、入力熱量と入力回数の関係／8．まとめ

第 6 章　相変化つきのパッケージの熱解析
1．まえがき／2．実験／3．熱回路網解析／4．まとめ

第 7 章　流体要素法による熱設計例
1．まえがき／2．流体要素法／3．ラップトップ型パソコンの熱設計への応用例／4．複写機の熱設計への応用例

第 8 章　薄型筐体内の熱流体に対する CFD ツールの評価
1．まえがき／2．実験／3．数値シミュレーション／4．結果と考察／5．結論

第 9 章　傾いた筐体内部温度の熱シミュレーション
1．はじめに／2．実験装置および実験方法／3．実験結果および考察

第 10 章　カード型基板の熱解析における、CFD 解析と熱回路網法による結果の比較
1．はじめに／2．実験装置および方法／3．解析条件／4．熱回路網法／5．実験結果および考察／6．あとがき

第 11 章　熱流体シミュレーションを用いた電子機器の熱解析のための電子部品のモデル化
～その 1：電子機器熱解析の現状と課題～
1．はじめに／2．電子機器熱解析の現状と課題／3．電子部品のモデル化の課題／4．まとめ

第 12 章　熱流体シミュレーションを用いた電子機器の熱解析のための電子部品のモデル化
～その 2：チョークコイルのモデル化～
1．はじめに／2．チョークコイルの表面温度分布／3．シミュレーションモデル／4.シミュレーション結果／5．まとめ

第 13 章　熱流体シミュレーションを用いた電子機器の熱解析のための電子部品のモデル化
～その 3：アルミ電解コンデンサのモデル化～
1．はじめに／2．アルミ電解コンデンサの構造／3．シミュレーション結果の比較用実測データ／4．シミュレーションモデル／5．シミュレーション結果と実測データ比較／6．まとめ

第 14 章　熱流体シミュレーションを用いた電子機器の熱解析のための電子部品のモデル化
～その 4：多孔板のモデル化～
1．はじめに／2．多孔板流体抵抗に関する既存データについて／3．多孔板流体抵抗係数の実測方法／4．多孔板実験サンプル／5．多孔板流体抵抗測定結果／6．まとめ

第 15 章　熱流体シミュレーションを用いた電子機器の熱解析のための電子部品のモデル化
～その 5：軸流ファンのモデル化～
1．はじめに／2．多孔板流体抵抗に関する既存データについて／3．多孔板流体抵抗係数の実測方法／4．多孔板実験サンプル／5．多孔板流体抵抗測定結果／6．まとめ

第 16 章　サーマルビアの放熱性能 1
1．はじめに／2．実験装置／3．実験結果／4．まとめ

第 17 章　サーマルビアの放熱性能 2
1．はじめに／2．実験による熱抵抗低減効果の検証／3．熱回路網法の基礎／4．熱回路モデル／5．結果および考察／6．等価熱抵抗を用いた熱回路網法の検証／7．まとめ

第 18 章　TSV の熱抵抗低減効果
1．はじめに／2．対象とする 3D-IC ／3．熱回路網モデル／4．結果／5．まとめ

第 19 章　PCM を用いた冷却モジュール 1
1．はじめに／2．実験装置／3．実験条件／4．実験結果／5．まとめ

第 20 章　PCM を用いた冷却モジュール 2
1．はじめに／2．実験の概要／3．熱回路網法／4．PCM 融解のモデル化／5．結果／6．まとめ

第 21 章　PCM を用いた冷却モジュール 3
1．はじめに／2．実験および熱回路網法の概要／3．CFD 解析／4．解析モデル／5．結果／6．まとめ

発行／科学情報出版（株）

●ISBN 978-4-904774-36-6

大分大学　榎園 正人　著

設計技術シリーズ

IE4モータ開発への要素技術

ベクトル磁気特性技術と設計法

モータの低損失・高効率化設計法

本体 3,400 円＋税

発行／科学情報出版（株）

●ISBN 978-4-904774-18-2

京都大学　三谷 友彦　著

設計技術シリーズ

はじめて学ぶ電磁波工学と実践設計法

マイクロ波加熱応用の基礎・設計

本体 3,600 円＋税

発行／科学情報出版（株）

●ISBN 978-4-904774-14-4

島根大学 山本 真義
島根県産業技術センター 川島 崇宏 著

設計技術シリーズ

パワーエレクトロニクス回路における小型・高効率設計法

本体 3,200 円＋税

第1章 パワーエレクトロニクス回路技術
1. はじめに
2. パワーエレクトロニクス技術の要素
  2－1 昇圧チョッパの基本動作
  2－2 PWM 信号の発生方法
  2－3 三角波発生回路
  2－4 昇圧チョッパの要素技術
3. 本書の基本構成
4. おわりに

第2章 磁気回路と磁気回路モデルを用いたインダクタ設計法
1. はじめに
2. 磁気回路
3. 昇圧チョッパにおける磁気回路を用いたインダクタ設計法
4. おわりに

第3章 昇圧チョッパにおけるインダクタ小型化手法
1. はじめに
2. チョッパと多相化技術
3. インダクタサイズの決定因子
4. 特性解析と相対比較（マルチフェーズ v.s. トランスリンク）
  4－1 直流成分磁束解析
  4－2 交流成分磁束解析
  4－3 電流リプル解析
  4－4 磁束最大値比較
5. 設計と実機動作確認
  5－1 結合インダクタ設計
  5－2 動作確認
6. まとめ

第4章 トランスリンク方式の高性能化に向けた磁気構造設計法
1. はじめに
2. 従来の結合インダクタ構造の問題点
3. 結合度が上昇しない原因調査
  3－1 電磁界シミュレータによる調査
  3－2 フリンジング磁束と結合度飽和の理論的解析
  3－3 高い結合度を実現可能な磁気構造（提案方式）
4. 電磁気における特性解析
  4－1 提案磁気構造の磁気回路モデル
  4－2 直流磁束解析
  4－3 交流磁束解析
  4－4 インダクタリプル電流の解析
5. E-I-E コア構造における各脚部断面積と磁束の関係
6. 提案コア構造における設計法
7. 実機動作確認
8. まとめ

第5章 小型化を実現可能な多相化コンバータの制御系設計法
1. はじめに
2. 制御系設計の必要性
3. マルチフェーズ方式トランスリンク昇圧チョッパの制御系設計
4. トランスリンク昇圧チョッパにおけるパワー回路部のモデリング
  4－1 Mode の定義
  4－2 Mode 1 の状態方程式
  4－3 Mode 2 の状態方程式
  4－4 Mode 3 の状態方程式
  4－5 状態平均化法の適用
  4－6 周波数特性の整合性の確認
5. 制御対象の周波数特性導出と設計
6. 実機動作確認
  6－1 定常動作確認
  6－2 負荷変動応答確認
7. まとめ

第6章 多相化コンバータに対するディジタル設計手法
1. はじめに
2. トランスリンク方式におけるディジタル制御系設計
3. 双一次変換法によるディジタル再設計法
4. 実機動作確認
5. まとめ

第7章 パワーエレクトロニクス回路におけるダイオードのリカバリ現象に対する対策
1. はじめに
2. P-N 接合ダイオードのリカバリ現象
  2－1 P-N 接合ダイオードの動作原理とリカバリ現象
  2－2 リカバリ現象によって生じる逆方向電流の抑制手法
3. リカバリレス昇圧チョッパ
  3－1 回路構成と動作原理
  3－2 設計手法
  3－3 動作原理

第8章 リカバリレス方式におけるサージ電圧とその対策
1. はじめに
2. サージ電圧の発生原理と対策技術
3. 放電型 RCD スナバ回路
4. クランプ型スナバ

第9章 昇圧チョッパにおけるソフトスイッチング技術の導入
1. はじめに
2. 部分共振形ソフトスイッチング方式
  2－1 パッシブ補助共振ロスレススナバアシスト方式
  2－2 アクティブ放電ロスレススナバアシスト方式
3. 共振形ソフトスイッチング方式
  3－1 共振スイッチ方式
  3－2 ソフトスイッチング方式の比較
4. ハイブリッドソフトスイッチング方式
  4－1 回路構成と動作
  4－2 実験評価
5. まとめ

発行／科学情報出版（株）

著者紹介

安達　正利（あだち　まさとし）

1971 年京都大学大学院工学研究科修士課程修了、同年京都大学工学部助手。
1983 ～ 84 年米国ペンシルバーニア州立大学 MRL 研究員。

1990 年富山県立大学工学部助教授、1992 ～ 93 年米国ペンシルバーニア州立大学 MRL 客員科学者を経て、1997 年富山県立大学工学部教授。2011 年定年退職、名誉教授。

機能性電子材料の作製からその応用に関する研究。

工学博士。

設計技術シリーズ
誘電体セラミックス原理と設計法

2015年8月30日　初版発行

著　者　安達　正利

発行者　松塚　晃医
発行所　科学情報出版株式会社
〒 300-2622　茨城県つくば市要443-14 研究学園
電話　029-877-0022
http://www.it-book.co.jp/

ISBN 978-4-904774-38-0　C2057